应用型本科院校“十三五”规划教材/数学

U0211586

线性代数

（第2版）

主编　丁 敏　李世巍

Linear Algebra

哈爾濱工業大學出版社

内容简介

本书共分为6章，内容包括行列式、矩阵、向量组及线性方程组的解、特征值及矩阵对角化、二次型、Matlab实验。各章均附有相当数量的习题。第1～5章（带*号的章节和课后习题，对经管类专业的学生不要求）完全满足教学基本要求。第6章为数学实验内容，供有需要的学生学习。

本书适合作为应用型本科院校工科类、经管类专业的教材，也可作为高等继续教育、高等院校网络教育教材或自学参考书，对于参加全国高等教育自学考试工科类、经济类与管理类专业的读者，也不失为一本有指导价值的读物。

图书在版编目(CIP)数据

线性代数/丁敏，李世巍主编．—2版．—哈尔滨：哈尔滨工业大学出版社，2018.5

应用型本科院校“十三五”规划教材

ISBN 978-7-5603-7309-6

Ⅰ.①线…　Ⅱ.①丁…　②李…　Ⅲ.①线性代数-高等学校-教材　Ⅳ.①O151.2

中国版本图书馆CIP数据核字(2018)第062467号

策划编辑　杜　燕
责任编辑　李长波
出版发行　哈尔滨工业大学出版社
社　　址　哈尔滨市南岗区复华四道街10号　邮编150006
传　　真　0451-86414749
网　　址　http://hitpress.hit.edu.cn
印　　刷　哈尔滨久利印刷有限公司
开　　本　787mm×1092mm　1/16　印张8.5　字数195千字
版　　次　2017年1月第1版　2018年5月第2版
　　　　　2018年5月第1次印刷
书　　号　ISBN 978-7-5603-7309-6
定　　价　20.00元

（如因印装质量问题影响阅读，我社负责调换）

《应用型本科院校“十三五”规划教材》编委会

主　任　修朋月　竺培国

副主任　王玉文　吕其诚　线恒录　李敬来

委　员　（按姓氏笔画排序）

丁福庆　于长福　马志民　王庄严　王建华
王德章　刘金祺　刘宝华　刘通学　刘福荣
关晓冬　李云波　杨玉顺　吴知丰　张幸刚
陈江波　林　艳　林文华　周方圆　姜思政
庹　莉　韩毓洁　蔡柏岩　臧玉英　霍　琳

序

哈尔滨工业大学出版社策划的《应用型本科院校“十三五”规划教材》即将付梓，诚可贺也。

该系列教材卷帙浩繁，凡百余种，涉及众多学科门类，定位准确，内容新颖，体系完整，实用性强，突出实践能力培养。不仅便于教师教学和学生学习，而且满足就业市场对应用型人才的迫切需求。

应用型本科院校的人才培养目标是面对现代社会生产、建设、管理、服务等一线岗位，培养能直接从事实际工作、解决具体问题、维持工作有效运行的高等应用型人才。应用型本科与研究型本科和高职高专院校在人才培养上有着明显的区别，其培养的人才特征是：①就业导向与社会需求高度吻合；②扎实的理论基础和过硬的实践能力紧密结合；③具备良好的人文素质和科学技术素质；④富于面对职业应用的创新精神。因此，应用型本科院校只有着力培养“进入角色快、业务水平高、动手能力强、综合素质好”的人才，才能在激烈的就业市场竞争中站稳脚跟。

目前国内应用型本科院校所采用的教材往往只是对理论性较强的本科院校教材的简单删减，针对性、应用性不够突出，因材施教的目的难以达到。因此亟须既有一定的理论深度又注重实践能力培养的系列教材，以满足应用型本科院校教学目标、培养方向和办学特色的需要。

哈尔滨工业大学出版社出版的《应用型本科院校“十三五”规划教材》，在选题设计思路上认真贯彻教育部关于培养适应地方、区域经济和社会发展需要的“本科应用型高级专门人才”精神，根据前黑龙江省委书记吉炳轩同志提出的关于加强应用型本科院校建设的意见，在应用型本科试点院校成功经验总结的基础上，特邀请黑龙江省9所知名的应用型本科院校的专家、学者联合编写。

本系列教材突出与办学定位、教学目标的一致性和适应性，既严格遵照学科体系的知识构成和教材编写的一般规律，又针对应用型本科人才培养目标及与之相适应的教学特点，精心设计写作体例，科学安排知识内容，围绕应用讲授理论，做到“基础知识够用、实践技能实用、专业理论管用”，同时注意适当融入新理论、新技术、新工艺、新成果，并且制作了与本书配套的PPT多媒体教学课件，形成立体化教材，供教师参考使用。

《应用型本科院校“十三五”规划教材》的编辑出版，是适应“科教兴国”战略对复合型、应用型人才的需求，是推动相对滞后的应用型本科院校教材建设的一种有益尝试，在应用型创新人才培养方面是一件具有开创意义的工作，为应用型人才的培养提供了及时、可靠、坚实的保证。

希望本系列教材在使用过程中，通过编者、作者和读者的共同努力，厚积薄发、推陈出新、细上加细、精益求精，不断丰富、不断完善、不断创新，力争成为同类教材中的精品。

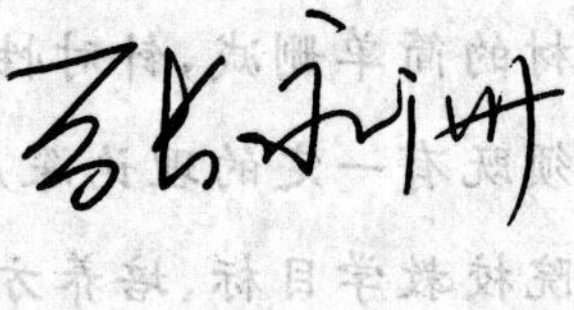

第 2 版前言

本书的编写以应用型技术技能型人才的培养要求为依托，以分类教学因材施教的基本理念为基础。本书介绍了线性代数的基本知识，可作为高等院校非数学专业“线性代数”课程的试用教材和教学参考书。本书第 1～5 章内容分别为：行列式、矩阵、向量组及线性方程组的解、特性值及矩阵对角化、二次型，约需 32 学时，第 6 章是 Matlab 实验，主要介绍了 Matlab 软件在线性代数中的一些应用，属于数学实验上机内容，可供有需要的专业选用。各章配有适量习题。丁敏主要负责本书第 1，2 章的编写，李世巍主要负责本书第 3～6 章的编写。书号有“ * ”的部分仅为理工科专业学生要求。

在本书的编写过程中很多老师提供了很大的帮助。对以上为本书编写提供意见和帮助的老师，表示衷心感谢。

由于编者的水平有限，若出现疏漏和不妥之处请批评指正，以便再版时修订。

编　者

2018 年 3 月

目　录

第 1 章 行列式

1.1 二阶与三阶行列式

1.1.1 二阶行列式

在线性代数中，将含两个未知量两个方程式的线性方程组的一般形式写为

$$\begin{cases} a_{11}x_1 + a_{12}x_2 = b_1 \\ a_{21}x_1 + a_{22}x_2 = b_2 \end{cases} \tag{1}$$

用加减消元法容易求出未知量 x_1, x_2 的值，当 $a_{11}a_{22} - a_{12}a_{21} \neq 0$ 时，有

$$\begin{cases} x_1 = \dfrac{b_1a_{22} - a_{12}b_2}{a_{11}a_{22} - a_{12}a_{21}} \\ x_2 = \dfrac{b_2a_{11} - a_{21}b_1}{a_{11}a_{22} - a_{12}a_{21}} \end{cases} \tag{2}$$

这就是二元方程组的解的公式.但这个公式不好记，为了便于记这个公式，引进二阶行列式的概念.

称记号$\begin{vmatrix} a_{11} & a_{12} \\ a_{21} & a_{22} \end{vmatrix}$为二阶行列式，它表示两项的代数和：$a_{11}a_{22} - a_{12}a_{21}$，即定义

$$\begin{vmatrix} a_{11} & a_{12} \\ a_{21} & a_{22} \end{vmatrix} = a_{11}a_{22} - a_{12}a_{21} \tag{3}$$

二阶行列式所表示的两项的代数和，可用下面的对角线法则记忆：从左上角到右下角两个元素相乘取正号，从右上角到左下角两个元素相乘取负号，即

$$\begin{vmatrix} a_{11} & a_{12} \\ a_{21} & a_{22} \end{vmatrix}$$
$$- \qquad +$$

由于公式(3)的行列式中的元素就是二元方程组中未知量的系数，因此又称它为二元方程组的系数行列式，并用字母 D 表示，即有

$$D = \begin{vmatrix} a_{11} & a_{12} \\ a_{21} & a_{22} \end{vmatrix}$$

如果将 D 中第一列的元素 a_{11}, a_{21} 换成常数项 b_1, b_2，则可得到另一个行列式，用字母 D_1 表示，于是有

$$D_1 = \begin{vmatrix} b_1 & a_{12} \\ b_2 & a_{22} \end{vmatrix}$$

按二阶行列式的定义，它等于两项的代数和：$b_1a_{22}-b_2a_{12}$，这就是公式(2)中 x_1 的表达式的分子.

同理将 D 中第二列的元素 a_{12}, a_{22} 换成常数项 b_1, b_2，可得到另一个行列式，用字母 D_2 表示，于是有

$$D_2=\begin{vmatrix} a_{11} & b_1 \\ a_{21} & b_2 \end{vmatrix}$$

按二阶行列式的定义，它等于两项的代数和：$a_{11}b_2-b_1a_{21}$，这就是公式(2)中 x_2 的表达式的分子.

于是二元方程组的解的公式又可写为 $\begin{cases} x_1=\dfrac{D_1}{D} \\ x_2=\dfrac{D_2}{D} \end{cases}$，其中 $D\neq 0$.

例 1.1 解二元线性方程组 $\begin{cases} 3x_1-2x_2=12 \\ 2x_1+x_2=1 \end{cases}$.

解

$$D=\begin{vmatrix} 3 & -2 \\ 2 & 1 \end{vmatrix}=3-(-4)=7\neq 0$$

$$D_1=\begin{vmatrix} 12 & -2 \\ 1 & 1 \end{vmatrix}=14,\quad D_2=\begin{vmatrix} 3 & 12 \\ 2 & 1 \end{vmatrix}=-21$$

所以

$$x_1=\frac{D_1}{D}=\frac{14}{7}=2,\quad x_2=\frac{D_2}{D}=\frac{-21}{7}=-3$$

1.1.2 三阶行列式

称记号

$$\begin{vmatrix} a_{11} & a_{12} & a_{13} \\ a_{21} & a_{22} & a_{23} \\ a_{31} & a_{32} & a_{33} \end{vmatrix}$$

为三阶行列式. 三阶行列式所表示的六项的代数和，也用对角线法则来记忆：从左上角到右下角三个元素相乘取正号，从右上角到左下角三个元素取负号，即

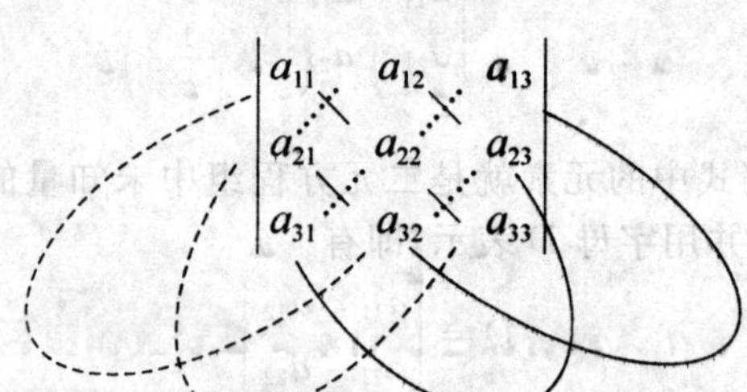

$$=a_{11}a_{22}a_{33}+a_{12}a_{23}a_{31}+a_{13}a_{21}a_{32}-a_{13}a_{22}a_{31}-a_{12}a_{21}a_{33}-a_{11}a_{23}a_{32} \tag{4}$$

注 1 对角线法则只适用于二阶与三阶行列式.

注 2 三阶行列式包括 3! 项，每一项都是位于不同行、不同列的三个元素的乘积，其

中三项为正，三项为负.

例 1.2 计算三阶行列式

$$D=\begin{vmatrix}1&2&3\\4&0&5\\-1&0&6\end{vmatrix}$$

解 $D=\begin{vmatrix}1&2&3\\4&0&5\\-1&0&6\end{vmatrix}=1\times0\times6+2\times5\times(-1)+3\times4\times0-1\times5\times0-$

$$2\times4\times6-3\times0\times(-1)=-58$$

1.2 n 阶行列式

1.2.1 全排列及其逆序数

定义 1.1 把 n 个不同的元素排成一列，称为这 n 个元素的全排列(或排列)，n 个不同的元素的所有排列的种数，通常用 P_n 表示，称为排列数 $P_n=n!$.

规定各元素之间有一个标准次序. 以 n 个不同的自然数为例，规定由小到大为标准次序.

定义 1.2 在一个排列 $i_1i_2\cdots i_s\cdots i_t\cdots i_n$ 中，若数 $i_s>i_t$，则称这两个数组成一个逆序.

定义 1.3 一个排列中所有逆序的总数称为此排列的逆序数.

逆序数为奇数的排列称为奇排列；逆序数为偶数的排列称为偶排列.

计算排列逆序数的方法：

方法 1 分别计算出排在 $1,2,\cdots,n$ 前面比它大的数码的个数并求和，即先分别算出 $1,2,\cdots,n$ 这 n 个元素的逆序数，则所有元素的逆序数的总和即为所求排列的逆序数.

方法 2 分别计算出排在 $1,2,\cdots,n$ 后面比它小的数码的个数并求和，即先分别算出 $1,2,\cdots,n$ 这 n 个元素的逆序数，则所有元素的逆序数的总和即为所求排列的逆序数.

例 1.3 求排列 32 514 的逆序数.

解 $t=0+1+0+3+1=5$，奇排列.

例 1.4 计算下列排列的逆序数，并讨论其奇偶性.

(1)217 986 354；

(2)$n(n-1)(n-2)\cdots21$.

解 (1)$t=0+1+0+0+1+3+4+4+5=18$.

(2)$t=0+1+2+\cdots+(n-2)+(n-1)=\dfrac{n(n-1)}{2}$.

1.2.2 对换

定义 1.4 在排列中，将任意两个元素对调，其余元素不动，这种做出新排列的变换称为对换. 将相邻两个元素对调，称为相邻对换.

例如在排列 32 145 中,将 2 与 4 对换,得到新的排列 34 125.

看到:奇排列 32 145 经对换 2 与 4 之后,变成了偶排列 34 125. 反之,也可以说偶排列 34 125 经对换 4 与 2 之后,变成了奇排列 32 145.

定理 1.1 一个排列中的任意两个元素对换,排列改变奇偶性.

证明 先证相邻对换的情形.

设排列 $a_1\cdots a_k abb_1\cdots b_m$, 经对换 a 与 b, 得排列 $a_1\cdots a_k bab_1\cdots b_m$, 那么 $t(a_1\cdots a_k bab_1\cdots b_m)=t(a_1\cdots a_k abb_1\cdots b_m)\pm 1$,所以,经一次相邻对换,排列改变奇偶性.

再证一般对换的情形.

设排列

$$a_1\cdots a_k ab_1\cdots b_m bc_1\cdots c_n \tag{5}$$

经对换 a 与 b,得排列

$$a_1\cdots a_k bb_1\cdots b_m ac_1\cdots c_n \tag{6}$$

事实上,排列(5) 经过 $2m+1$ 次相邻对换变为排列(6). 根据相邻对换的情形及 $2m+1$ 是奇数,所以这两个排列的奇偶性相反.

推论 奇排列调成标准排列的对换次数为奇数,偶排列调成标准排列的对换次数为偶数.

证明 由定理知,对换的次数就是排列奇偶性的变化次数,而标准排列是偶排列(逆序数为 0),因此,推论成立.

1.2.3 n 阶行列式的定义

利用排列及逆序的概念,可以对前述二阶和三阶行列式给出新的解释. 根据二阶行列式的定义

$$D=\begin{vmatrix} a_{11} & a_{12} \\ a_{21} & a_{22} \end{vmatrix}=a_{11}a_{22}-a_{12}a_{21}$$

二阶行列式的值是两项的代数和,每一项是来自于不同行、不同列两个元素的乘积,并且每个这样的乘积都出现在右边的展开式中. 在展开式中,一项带正号,一项带负号. 不难直接验证,带正号的项,其列指标构成的排列为偶排列;而带负号的项,其列指标构成的排列为奇排列,因此二阶行列式的值可重新描述为

$$D=\begin{vmatrix} a_{11} & a_{12} \\ a_{21} & a_{22} \end{vmatrix}=a_{11}a_{22}-a_{12}a_{21}=$$

$$(-1)^{\tau(1\,2)}a_{11}a_{22}+(-1)^{\tau(2\,1)}a_{12}a_{21}=$$

$$\sum_{j_1j_2}(-1)^{\tau(j_1j_2)}a_{1j_1}a_{2j_2}$$

其中求和符号表示对所有二阶排列求和.

类似地,三阶行列式的值可重新写为

$$D=\begin{vmatrix} a_{11} & a_{12} & a_{13} \\ a_{21} & a_{22} & a_{23} \\ a_{31} & a_{32} & a_{33} \end{vmatrix}=\sum_{j_1j_2j_3}(-1)^{\tau(j_1j_2j_3)}a_{1j_1}a_{2j_2}a_{3j_3}$$

上式中，求和符号表示对所有三阶排列求和.

通过以上分析可知，二阶和三阶行列式都是来自于不同行不同列的 n 个元素乘积的代数和($n=2,3$)，求和总数为 $n!$；每一项乘积前面带有正负号，当该乘积项 n 个元素的行标成自然排列时，其符号由这些元素的列标所构成排列的奇偶性确定.

"+"　123　231　312　(偶排列)

"−"　321　213　132　(奇排列)

于是

$$\begin{vmatrix} a_{11} & a_{12} & a_{13} \\ a_{21} & a_{22} & a_{23} \\ a_{31} & a_{32} & a_{33} \end{vmatrix} = (-1)^{\tau(123)}a_{11}a_{22}a_{33} + (-1)^{\tau(231)}a_{12}a_{23}a_{31} + (-1)^{\tau(312)}a_{13}a_{21}a_{32} +$$

$$(-1)^{\tau(321)}a_{13}a_{22}a_{31} + (-1)^{\tau(213)}a_{12}a_{21}a_{33} + (-1)^{\tau(132)}a_{11}a_{23}a_{32} =$$

$$\sum_{p_1p_2p_3}(-1)^{\tau(p_1p_2p_3)}a_{1p_1}a_{2p_2}a_{3p_3}$$

将其推广，有 n 阶行列式定义.

定义 1.5　由排成 n 行 n 列的 n^2 个元素 a_{ij}，$i=1,\cdots,n$，$j=1,\cdots,n$ 构成的记号

$$\begin{vmatrix} a_{11} & a_{12} & \cdots & a_{1n} \\ a_{21} & a_{22} & \cdots & a_{2n} \\ \vdots & \vdots & & \vdots \\ a_{n1} & a_{n2} & \cdots & a_{nn} \end{vmatrix}$$

称为 n 阶行列式，常记为 D. 其定义式为

$$D=\sum_{p_1p_2\cdots p_n}(-1)^t a_{1p_1}a_{2p_2}\cdots a_{np_n}$$

其中记号 $\sum$ 为求和号，这里表示对 $1,2,\cdots,n$ 的所有排列 $p_1p_2\cdots p_n$ 求和，$(-1)^t a_{1p_1}a_{2p_2}\cdots a_{np_n}$ 称为行列式的一般项.

注　(1) 行列式是一种特定的算式，它是根据求解方程个数和未知量个数相同的线性方程组的需要而定义的；

(2) n 阶行列式是 $n!$ 项的代数和；

(3) n 阶行列式的每项都是位于不同行、不同列的 n 个元素的乘积；

(4) 一阶行列式的符号 $|a|=a$，不要与绝对值符号相混淆，一般不使用此符号.

注　n 阶行列式也可以定义为 $D=\sum(-1)^{\tau(p_1p_2\cdots p_n)}a_{p_11}a_{p_22}\cdots a_{p_nn}$.

例 1.5　计算 $D=\begin{vmatrix} 0 & 0 & \cdots & 0 & \lambda_1 \\ 0 & 0 & \cdots & \lambda_2 & 0 \\ \vdots & \vdots & & \vdots & \vdots \\ 0 & \lambda_{n-1} & \cdots & 0 & 0 \\ \lambda_n & 0 & \cdots & 0 & 0 \end{vmatrix}$

解　由行列式定义，和式中仅当 $p_1=n$，$p_2=n-1$，$\cdots$，$p_{n-1}=2$，$p_n=1$ 时

$$a_{1p_1}a_{2p_2}\cdots a_{np_n}\neq 0$$

所以

$$D=(-1)^{\tau(n(n-1)\cdots 321)}a_{1n}a_{2,n-1}\cdots a_{n1}=(-1)^{\frac{n(n-1)}{2}}\lambda_1\lambda_2\cdots\lambda_n$$

相关结论：

(1) 上三角形行列式(主对角线下方元素全为零的行列式)

$$\begin{vmatrix} a_{11} & a_{12} & \cdots & a_{1n} \\ 0 & a_{22} & \cdots & a_{2n} \\ \vdots & \vdots & & \vdots \\ 0 & 0 & \cdots & a_{nn} \end{vmatrix}=a_{11}a_{22}\cdots a_{nn}$$

(2) 下三角形行列式(主对角线上方元素全为零的行列式)

$$\begin{vmatrix} a_{11} & 0 & \cdots & 0 \\ a_{21} & a_{22} & \cdots & 0 \\ \vdots & \vdots & & \vdots \\ a_{n1} & a_{n2} & \cdots & a_{nn} \end{vmatrix}=a_{11}a_{22}\cdots a_{nn}$$

(3) 对角形行列式(主对角线以外元素全为零的行列式)

$$\begin{vmatrix} \lambda_1 & & & \\ & \lambda_2 & & \\ & & \ddots & \\ & & & \lambda_n \end{vmatrix}=\lambda_1\lambda_2\cdots\lambda_n$$

1.3 行列式的性质

对任给的 n 阶行列式，若其不具有特殊形状，如上三角或者下三角，利用定义求值会非常烦琐，例如对于五阶行列式，若利用五阶行列式的定义求值，求和符号中共需计算 5！＝120 项，每一项都是五个数的连乘积，工作量比较大. 因此，需要讨论 n 阶行列式性质，以达到简化计算的目的，这是本节讨论的主要内容.

定义 1.6 考虑 $D=\begin{vmatrix} a_{11} & a_{12} & \cdots & a_{1n} \\ a_{21} & a_{22} & \cdots & a_{2n} \\ \vdots & \vdots & & \vdots \\ a_{n1} & a_{n2} & \cdots & a_{nn} \end{vmatrix}$，将它的行依次变为相应的列，得

$$D^{\mathrm{T}}=\begin{vmatrix} a_{11} & a_{21} & \cdots & a_{n1} \\ a_{12} & a_{22} & \cdots & a_{n2} \\ \vdots & \vdots & & \vdots \\ a_{1n} & a_{2n} & \cdots & a_{nn} \end{vmatrix}$$

称 D^{T} 为 D 的转置行列式.

性质 1.1 行列式与它的转置行列式相等($D^{\mathrm{T}}=D$).

事实上，若记

$$D^{\mathrm{T}}=\begin{vmatrix} b_{11} & b_{12} & \cdots & b_{1n} \\ b_{21} & b_{22} & \cdots & b_{2n} \\ \vdots & \vdots & & \vdots \\ b_{n1} & b_{n2} & \cdots & b_{nn} \end{vmatrix}$$

则

$$b_{ij}=a_{ji}\quad (i,j=1,2,\cdots,n)$$

所以

$$D^{\mathrm{T}}=\sum (-1)^{\tau(p_1p_2\cdots p_n)}b_{1p_1}b_{2p_2}\cdots b_{np_n}=\sum (-1)^{\tau(p_1p_2\cdots p_n)}a_{p_1 1}a_{p_2 2}\cdots a_{p_n n}=D$$

注 行列式中行与列具有同等的地位,因此行列式的性质凡是对行成立的结论,对列也同样成立.

性质 1.2 互换行列式的两行($r_i\leftrightarrow r_j$)或两列($c_i\leftrightarrow c_j$),行列式变号.

例如

$$\begin{vmatrix} 1 & 2 & 3 \\ 0 & 8 & 6 \\ 3 & 5 & 1 \end{vmatrix}=-\begin{vmatrix} 1 & 2 & 3 \\ 3 & 5 & 1 \\ 0 & 8 & 6 \end{vmatrix}$$

推论 若行列式 D 有两行(列)完全相同,则 $D=0$.

证明 互换相同的两行,则有 $D=-D$,所以 $D=0$.

性质 1.3 行列式某一行(列)的所有元素都乘以数 k,等于数 k 乘以此行列式,即

$$\begin{vmatrix} a_{11} & a_{12} & \cdots & a_{1n} \\ \vdots & \vdots & & \vdots \\ ka_{i1} & ka_{i2} & \cdots & ka_{in} \\ \vdots & \vdots & & \vdots \\ a_{n1} & a_{n2} & \cdots & a_{nn} \end{vmatrix}=k\begin{vmatrix} a_{11} & a_{12} & \cdots & a_{1n} \\ \vdots & \vdots & & \vdots \\ a_{i1} & a_{i2} & \cdots & a_{in} \\ \vdots & \vdots & & \vdots \\ a_{n1} & a_{n2} & \cdots & a_{nn} \end{vmatrix}$$

推论 (1)D 中某一行(列)所有元素的公因子可提到行列式符号的外面;

(2)D 中某一行(列)所有元素为零,则 $D=0$.

性质 1.4 行列式中如果有两行(列)元素对应成比例,则此行列式等于零.

性质 1.5 若行列式某一行(列)的所有元素都是两个数的和,则此行列式等于两个行列式的和.这两个行列式的这一行(列)的元素分别为对应的两个加数之一,其余各行(列)的元素与原行列式相同.即

$$\begin{vmatrix} a_{11} & a_{12} & \cdots & a_{1n} \\ \vdots & \vdots & & \vdots \\ a_{i1}+b_{i1} & a_{i2}+b_{i2} & \cdots & a_{in}+b_{in} \\ \vdots & \vdots & & \vdots \\ a_{n1} & a_{n2} & \cdots & a_{nn} \end{vmatrix}=\begin{vmatrix} a_{11} & a_{12} & \cdots & a_{1n} \\ \vdots & \vdots & & \vdots \\ a_{i1} & a_{i2} & \cdots & a_{in} \\ \vdots & \vdots & & \vdots \\ a_{n1} & a_{n2} & \cdots & a_{nn} \end{vmatrix}+\begin{vmatrix} a_{11} & a_{12} & \cdots & a_{1n} \\ \vdots & \vdots & & \vdots \\ b_{i1} & b_{i2} & \cdots & b_{in} \\ \vdots & \vdots & & \vdots \\ a_{n1} & a_{n2} & \cdots & a_{nn} \end{vmatrix}$$

证明 由行列式定义

$$\begin{aligned} D=&\sum (-1)^{\tau(p_1p_2\cdots p_n)}a_{1p_1}a_{2p_2}\cdots(a_{ip_i}+b_{ip_i})\cdots a_{np_n}= \\ &\sum (-1)^{\tau(p_1p_2\cdots p_n)}a_{1p_1}a_{2p_2}\cdots a_{ip_i}\cdots a_{np_n}+ \\ &\sum (-1)^{\tau(p_1p_2\cdots p_n)}a_{1p_1}a_{2p_2}\cdots b_{ip_i}\cdots a_{np_n} \end{aligned}$$

性质1.6 行列式D的某一行(列)的各元素都乘以同一数k加到另一行(列)的相应元素上,行列式的值不变($D\xlongequal{r_i+kr_j}D$),即

$$\begin{vmatrix} a_{11} & a_{12} & \cdots & a_{1n} \\ \vdots & \vdots & & \vdots \\ a_{i1} & a_{i2} & \cdots & a_{in} \\ \vdots & \vdots & & \vdots \\ a_{n1} & a_{n2} & \cdots & a_{nn} \end{vmatrix} \xlongequal{r_i+kr_j} \begin{vmatrix} a_{11} & a_{12} & \cdots & a_{1n} \\ \vdots & \vdots & & \vdots \\ a_{i1}+ka_{j1} & a_{i2}+ka_{j2} & \cdots & a_{in}+ka_{jn} \\ \vdots & \vdots & & \vdots \\ a_{n1} & a_{n2} & \cdots & a_{nn} \end{vmatrix}$$

计算行列式常用方法:利用性质 1.2,1.3,1.6,特别是性质 1.6 把行列式化为上(下)三角形行列式,从而较容易地计算行列式的值.

例 1.6 计算行列式

$$(1)D=\begin{vmatrix} -2 & 3 & 2 & 4 \\ 1 & -2 & 3 & 2 \\ 3 & 2 & 3 & 4 \\ 0 & 4 & -2 & 5 \end{vmatrix};(2)D=\begin{vmatrix} 3 & 1 & 1 & 1 \\ 1 & 3 & 1 & 1 \\ 1 & 1 & 3 & 1 \\ 1 & 1 & 1 & 3 \end{vmatrix}.$$

解

$$(1)D\xlongequal{r_1\leftrightarrow r_2}-\begin{vmatrix} 1 & -2 & 3 & 2 \\ -2 & 3 & 2 & 4 \\ 3 & 2 & 3 & 4 \\ 0 & 4 & -2 & 5 \end{vmatrix} \xlongequal[r_3-3r_1]{r_2+2r_1} -\begin{vmatrix} 1 & -2 & 3 & 2 \\ 0 & -1 & 8 & 8 \\ 0 & 8 & -6 & -2 \\ 0 & 4 & -2 & 5 \end{vmatrix} \xlongequal[r_4+4r_1]{r_3+8r_2}$$

$$-\begin{vmatrix} 1 & -2 & 3 & 2 \\ 0 & -1 & 8 & 8 \\ 0 & 0 & 58 & 62 \\ 0 & 0 & 30 & 37 \end{vmatrix} \xlongequal{r_4-\frac{30}{58}r_3} -\begin{vmatrix} 1 & -2 & 3 & 2 \\ 0 & -1 & 8 & 8 \\ 0 & 0 & 58 & 62 \\ 0 & 0 & 0 & \frac{143}{29} \end{vmatrix}=$$

$$-\left[1\times(-1)\times 58\times\frac{143}{29}\right]=286$$

$$(2)D\xlongequal{r_1+\sum_{i=2}^{4}r_i}\begin{vmatrix} 6 & 6 & 6 & 6 \\ 1 & 3 & 1 & 1 \\ 1 & 1 & 3 & 1 \\ 1 & 1 & 1 & 3 \end{vmatrix}=6\begin{vmatrix} 1 & 1 & 1 & 1 \\ 1 & 3 & 1 & 1 \\ 1 & 1 & 3 & 1 \\ 1 & 1 & 1 & 3 \end{vmatrix}\xlongequal[i=2,3,4]{r_i-r_1}6\begin{vmatrix} 1 & 1 & 1 & 1 \\ 0 & 2 & 0 & 0 \\ 0 & 0 & 2 & 0 \\ 0 & 0 & 0 & 2 \end{vmatrix}=$$

$$6\times(1\times 2\times 2\times 2)=48$$

此方法称为归边法.

例 1.7 计算 n 阶行列式

$$(1)D_n=\begin{vmatrix} 1+a_1 & 1 & \cdots & 1 \\ 1 & 1+a_2 & \cdots & 1 \\ \vdots & \vdots & & \vdots \\ 1 & 1 & \cdots & 1+a_n \end{vmatrix} \quad (a_i\neq 0,i=1,2,\cdots,n);$$

$$(2)D_n=\begin{vmatrix} x & a & \cdots & a \\ a & x & \cdots & a \\ \vdots & \vdots & & \vdots \\ a & a & \cdots & x \end{vmatrix}.$$

解　(1)$D_n \xlongequal[i=2,3,\cdots,n]{r_i-r_1} \begin{vmatrix} 1+a_1 & 1 & 1 & \cdots & 1 \\ -a_1 & a_2 & 0 & \cdots & 0 \\ -a_1 & 0 & a_3 & \cdots & 0 \\ \vdots & \vdots & \vdots & & \vdots \\ -a_1 & 0 & 0 & \cdots & a_n \end{vmatrix}=$

$$\begin{vmatrix} 1 & 1 & \cdots & 1 \\ 0 & a_2 & \cdots & 0 \\ \vdots & \vdots & & \vdots \\ 0 & 0 & \cdots & a_n \end{vmatrix}+a_1\begin{vmatrix} 1 & 1 & \cdots & 1 \\ -1 & a_2 & \cdots & 0 \\ \vdots & \vdots & & \vdots \\ -1 & 0 & \cdots & a_n \end{vmatrix}$$

$$(\text{箭形行列式})\xlongequal[i=2,3,\cdots,n]{c_1+\frac{1}{a_i}c_i}$$

$$a_2a_3\cdots a_n+a_1\begin{vmatrix} 1+\sum\limits_{i=2}^{n}\frac{1}{a_i} & 1 & \cdots & 1 \\ 0 & a_2 & \cdots & 0 \\ \vdots & \vdots & & \vdots \\ 0 & 0 & \cdots & a_n \end{vmatrix}=$$

$$a_2a_3\cdots a_n+a_1a_2\cdots a_n\left(1+\sum_{i=2}^{n}\frac{1}{a_i}\right)=a_1a_2\cdots a_n\left(1+\sum_{i=1}^{n}\frac{1}{c_i}\right)$$

(2) 注意到行列式各行元素之和等于 $x+(n-1)a$，有

$$D_n\xlongequal[i=2,3,\cdots,n]{c_1+c_i}\begin{vmatrix} x+(n-1)a & a & \cdots & a \\ x+(n-1)a & x & \cdots & a \\ \vdots & \vdots & & \vdots \\ x+(n-1)a & a & \cdots & x \end{vmatrix}=$$

$$[x+(n-1)a]\begin{vmatrix} 1 & a & \cdots & a \\ 1 & x & \cdots & a \\ \vdots & \vdots & & \vdots \\ 1 & a & \cdots & x \end{vmatrix}\xlongequal[i=2,3,\cdots,n]{r_i-r_1}$$

$$[x+(n-1)a]\begin{vmatrix} 1 & a & \cdots & a \\ 0 & x-a & \cdots & 0 \\ \vdots & \vdots & & \vdots \\ 0 & 0 & \cdots & x-a \end{vmatrix}=$$

$$[x+(n-1)a](x-a)^{n-1}$$

例 1.8　设

$$D=\begin{vmatrix} a_{11} & \cdots & a_{1k} & & & \\ \vdots & & \vdots & & 0 & \\ a_{k1} & \cdots & a_{kk} & & & \\ c_{11} & \cdots & c_{1k} & b_{11} & \cdots & b_{1n} \\ \vdots & & \vdots & \vdots & & \vdots \\ c_{n1} & \cdots & c_{nk} & b_{n1} & \cdots & b_{nn} \end{vmatrix}$$

$$D_1=\begin{vmatrix} a_{11} & \cdots & a_{1k} \\ \vdots & & \vdots \\ a_{k1} & \cdots & a_{kk} \end{vmatrix},\quad D_2=\begin{vmatrix} b_{11} & \cdots & b_{1n} \\ \vdots & & \vdots \\ b_{n1} & \cdots & b_{nn} \end{vmatrix}$$

证明：$D=D_1D_2$.

证明　对 D_1 做行运算 r_i+kr_j，把 D_1 化为下三角形行列式

$$D_1=\begin{vmatrix} p_{11} & & 0 \\ \vdots & \ddots & \\ p_{k1} & \cdots & p_{kk} \end{vmatrix}=p_{11}\cdots p_{kk}$$

对 D_2 做列运算 c_i+kc_j，把 D_2 化为下三角形行列式

$$D_2=\begin{vmatrix} q_{11} & & 0 \\ \vdots & \ddots & \\ q_{n1} & \cdots & q_{nn} \end{vmatrix}=q_{11}\cdots q_{nn}$$

先对 D 的前 kk 行做行运算 r_i+kr_j，然后对 D 的后 n 列做列运算 c_i+kc_j，把 D 化为下三角形行列式

$$D=\begin{vmatrix} p_{11} & & & & & \\ \vdots & \ddots & & & 0 & \\ p_{k1} & \cdots & p_{kk} & & & \\ c_{11} & \cdots & c_{1k} & q_{11} & & \\ \vdots & & \vdots & \vdots & \ddots & \\ c_{n1} & \cdots & c_{nk} & q_{n1} & \cdots & q_{nn} \end{vmatrix}$$

故

$$D=p_{11}\cdots p_{kk}\cdot q_{11}\cdots q_{nn}=D_1D_2$$

1.4　行列式按行(列)展开

比较 1.1 节中二阶和三阶行列式的计算规则可知，二阶行列式的计算比三阶行列式的计算简单. 以下对三阶行列式的对角线法则做进一步分析，有

$$D=\begin{vmatrix} a_{11} & a_{12} & a_{13} \\ a_{21} & a_{22} & a_{23} \\ a_{31} & a_{32} & a_{33} \end{vmatrix}=$$

$$a_{11}a_{22}a_{33}+a_{12}a_{23}a_{31}+a_{13}a_{21}a_{32}-a_{13}a_{22}a_{31}-a_{12}a_{21}a_{33}-a_{11}a_{23}a_{32}=$$

$$a_{11}(a_{22}a_{33}-a_{23}a_{32})-a_{12}(a_{21}a_{33}-a_{23}a_{31})+a_{13}(a_{21}a_{32}-a_{22}a_{31})=$$

$$a_{11}(-1)^{1+1}\begin{vmatrix}a_{22}&a_{23}\\a_{32}&a_{33}\end{vmatrix}+a_{12}(-1)^{1+2}\begin{vmatrix}a_{21}&a_{23}\\a_{31}&a_{33}\end{vmatrix}+a_{13}(-1)^{1+3}\begin{vmatrix}a_{21}&a_{22}\\a_{31}&a_{32}\end{vmatrix}$$

即三阶行列式的计算可转化为三个二阶行列式的计算，这里体现了 n 阶行列式计算的另一种重要思想：降阶，即将高阶行列式的计算转化为容易计算的低阶行列式的计算. 为给出计算 n 阶行列式的降阶方法，首先引入 n 阶行列式元素的余子式及代数余子式的概念.

1.4.1 余子式与代数余子式

定义 1.7 在 n 阶行列式

$$D=\begin{vmatrix}a_{11}&a_{12}&\cdots&a_{1n}\\a_{21}&a_{22}&\cdots&a_{2n}\\\vdots&\vdots&&\vdots\\a_{n1}&a_{n2}&\cdots&a_{nn}\end{vmatrix}$$

中，划去元素 a_{ij} 所在的第 i 行和第 j 列，余下的元素按原来的顺序构成的 $n-1$ 阶行列式，称为元素 a_{ij} 的余子式，记作 M_{ij}；而 $A_{ij}=(-1)^{i+j}M_{ij}$ 称为元素 a_{ij} 的代数余子式.

例如三阶行列式 $\begin{vmatrix}a_{11}&a_{12}&a_{13}\\a_{21}&a_{22}&a_{23}\\a_{31}&a_{32}&a_{33}\end{vmatrix}$ 中元素 a_{23} 的余子式为 $M_{23}=\begin{vmatrix}a_{11}&a_{12}\\a_{31}&a_{32}\end{vmatrix}$，元素 a_{23} 的代数余子式为 $A_{23}=(-1)^{2+3}M_{23}=-M_{23}$，四阶行列式 $\begin{vmatrix}1&0&-1&1\\0&-2&-5&1\\1&x&2&3\\0&3&0&1\end{vmatrix}$ 中元素 x 的代数余子式为

$$A_{32}=(-1)^{3+2}\begin{vmatrix}1&-1&1\\0&-5&1\\0&0&1\end{vmatrix}=5$$

1.4.2 行列式按行(列) 展开

定理 1.2 n 阶行列式

$$D=\begin{vmatrix}a_{11}&a_{12}&\cdots&a_{1n}\\a_{21}&a_{22}&\cdots&a_{2n}\\\vdots&\vdots&&\vdots\\a_{n1}&a_{n2}&\cdots&a_{nn}\end{vmatrix}$$

等于它的任意一行(列) 的各元素与其对应的代数余子式的乘积之和，即

$$D=a_{i1}A_{i1}+a_{i2}A_{i2}+\cdots+a_{in}A_{in}\quad(i=1,2,\cdots,n)$$

或

$$D=a_{1j}A_{1j}+a_{2j}A_{2j}+\cdots+a_{nj}A_{nj}\quad(j=1,2,\cdots,n)$$

证明 (1) 元素 a_{11} 位于第一行、第一列，而该行其余元素均为零，此时

$$D=\begin{vmatrix} a_{11} & 0 & \cdots & 0 \\ a_{21} & a_{22} & \cdots & a_{2n} \\ \vdots & \vdots & & \vdots \\ a_{n1} & a_{n2} & \cdots & a_{nn} \end{vmatrix}=$$

$$\sum_{j_1=1}(-1)^{\tau(j_1j_2\cdots j_n)}a_{1j_1}a_{2j_2}\cdots a_{nj_n}+\sum_{j_1\neq 1}(-1)^{\tau(j_1j_2\cdots j_n)}a_{1j_1}a_{2j_2}\cdots a_{nj_n}=$$

$$a_{11}\sum_{(j_2j_3\cdots j_n)}(-1)^{\tau(j_2\cdots j_n)}a_{2j_2}\cdots a_{nj_n}=a_{11}M_{11}$$

而 $A_{11}=(-1)^{1+1}M_{11}=M_{11}$，故 $D=a_{11}A_{11}$；

$$(2)D=\begin{vmatrix} a_{11} & \cdots & a_{1j} & \cdots & a_{1n} \\ \vdots & & \vdots & & \vdots \\ 0 & \cdots & a_{ij} & \cdots & 0 \\ \vdots & & \vdots & & \vdots \\ a_{n1} & \cdots & a_{nj} & \cdots & a_{nn} \end{vmatrix}$$

将 D 中第 i 行依次与前 $i-1$ 行对调，调换 $i-1$ 次后位于第一行；

将 D 中第 j 列依次与前 $j-1$ 列对调，调换 $j-1$ 次后位于第一列；

经 $(i-1)+(j-1)=i+j-2$ 次对调后，a_{ij} 就位于第一行、第一列，即

$$D=(-1)^{i+j-2}a_{ij}M_{ij}=(-1)^{i+j}a_{ij}M_{ij}=a_{ij}A_{ij}$$

(3) 一般地

$$D=\begin{vmatrix} a_{11} & a_{12} & \cdots & a_{1n} \\ \vdots & \vdots & & \vdots \\ a_{i1}+0+\cdots+0 & 0+a_{i2}+\cdots+0 & \cdots & 0+\cdots+0+a_{in} \\ \vdots & \vdots & & \vdots \\ a_{n1} & a_{n2} & \cdots & a_{nn} \end{vmatrix}=$$

$$\begin{vmatrix} a_{11} & a_{12} & \cdots & a_{1n} \\ \vdots & \vdots & & \vdots \\ a_{i1} & 0 & \cdots & 0 \\ \vdots & \vdots & & \vdots \\ a_{n1} & a_{n2} & \cdots & a_{nn} \end{vmatrix}+\begin{vmatrix} a_{11} & a_{12} & \cdots & a_{1n} \\ \vdots & \vdots & & \vdots \\ 0 & a_{i2} & \cdots & 0 \\ \vdots & \vdots & & \vdots \\ a_{n1} & a_{n2} & \cdots & a_{nn} \end{vmatrix}+\cdots+$$

$$\begin{vmatrix} a_{11} & a_{12} & \cdots & a_{1n} \\ \vdots & \vdots & & \vdots \\ 0 & 0 & \cdots & a_{in} \\ \vdots & \vdots & & \vdots \\ a_{n1} & a_{n2} & \cdots & a_{nn} \end{vmatrix}=$$

$$a_{i1}A_{i1}+a_{i2}A_{i2}+\cdots+a_{in}A_{in}$$

同理有

$$D=a_{1j}A_{1j}+a_{2j}A_{2j}+\cdots+a_{nj}A_{nj}$$

推论　n 阶行列式 $D=\begin{vmatrix} a_{11} & a_{12} & \cdots & a_{1n} \\ a_{21} & a_{22} & \cdots & a_{2n} \\ \vdots & \vdots & & \vdots \\ a_{n1} & a_{n2} & \cdots & a_{nn} \end{vmatrix}$ 的任意一行(列)的各元素与另一行(列)对应的代数余子式的乘积之和为零,即

$$a_{i1}A_{s1}+a_{i2}A_{s2}+\cdots+a_{in}A_{sn}=0 \quad (i\neq s)$$

或

$$a_{1j}A_{1t}+a_{2j}A_{2t}+\cdots+a_{nj}A_{nt}=0 \quad (j\neq t)$$

证明　考虑辅助行列式

$$D_1=\begin{vmatrix} a_{11} & \cdots & a_{1j} & \cdots & a_{1j} & \cdots & a_{1n} \\ a_{21} & \cdots & a_{2j} & \cdots & a_{2j} & \cdots & a_{2n} \\ \vdots & & \vdots & & \vdots & & \vdots \\ a_{n1} & \cdots & a_{nj} & \cdots & a_{nj} & \cdots & a_{nn} \end{vmatrix} \xlongequal{\text{按第 } t \text{ 列展开}}$$

i 列　　　j 列

$$a_{1j}A_{1t}+a_{2j}A_{2t}+\cdots+a_{nj}A_{nt} \quad (j\neq t)$$

该行列式中有两列对应元素相等. 而 $D_1=0$,所以

$$a_{1j}A_{1t}+a_{2j}A_{2t}+\cdots+a_{nj}A_{nt}=0 \quad (j\neq t)$$

关于代数余子式的重要性质

$$\sum_{k=1}^{n}a_{ki}A_{kj}=D\delta_{ij}=\begin{cases} D & (i=j) \\ 0 & (i\neq j) \end{cases}$$

$$\sum_{k=1}^{n}a_{ik}A_{jk}=D\delta_{ij}=\begin{cases} D & (i=j) \\ 0 & (i\neq j) \end{cases}$$

其中 $\delta_{ij}=\begin{cases} 1 & (i=j) \\ 0 & (i\neq j) \end{cases}$.

在计算数字行列式时,直接应用行列式展开公式并不一定简化计算,因为把一个 n 阶行列式换成 n 个 $(n-1)$ 阶行列式的计算并不减少计算量,只是在行列式中某一行或某一列含有较多的零时,应用展开定理才有意义. 但展开定理在理论上是重要的.

1.4.3　行列式的计算

利用行列式按行按列展开定理,并结合行列式性质,可简化行列式计算:计算行列式时,可先用行列式的性质将某一行(列)化为仅含 1 个非零元素,再按此行(列)展开,变为低一阶的行列式,如此继续下去,直到化为三阶或二阶行列式.

计算行列式常用方法:化零,展开.

例 1.9　计算四阶行列式 $D=\begin{vmatrix} 1 & 2 & 3 & 4 \\ 1 & 0 & 1 & 2 \\ 3 & -1 & -1 & 0 \\ 1 & 2 & 0 & -5 \end{vmatrix}$.

解 $D \xlongequal[c_4-2c_1]{c_3-c_1} \begin{vmatrix} 1 & 2 & 2 & 2 \\ 1 & 0 & 0 & 0 \\ 3 & -1 & -4 & -6 \\ 1 & 2 & -1 & -7 \end{vmatrix} \xlongequal{\text{按第 2 行展开}}$

$$1\times(-1)^{2+1}\begin{vmatrix} 2 & 2 & 2 \\ -1 & -4 & -6 \\ 2 & -1 & -7 \end{vmatrix} \xlongequal[r_2\div(-1)]{r_1\div 2}$$

$$(-1)\times 2\times(-1)\begin{vmatrix} 1 & 1 & 1 \\ 1 & 4 & 6 \\ 2 & -1 & -7 \end{vmatrix} =$$

$$2\begin{vmatrix} 1 & 1 & 1 \\ 1 & 4 & 6 \\ 2 & -1 & -7 \end{vmatrix} \xlongequal[c_3-c_1]{c_2-c_1} 2\begin{vmatrix} 1 & 0 & 0 \\ 1 & 3 & 5 \\ 2 & -3 & -9 \end{vmatrix} \xlongequal{\text{按第 1 行展开}}$$

$$2\times 1\times(-1)^{1+1}\begin{vmatrix} 3 & 5 \\ -3 & -9 \end{vmatrix} =$$

$$2\begin{vmatrix} 3 & 5 \\ -3 & -9 \end{vmatrix} = -24$$

例 1.10 已知四阶行列式 $D=\begin{vmatrix} 3 & 0 & 4 & 0 \\ 2 & 2 & 2 & 2 \\ 0 & -7 & 0 & 0 \\ 5 & 3 & -2 & 2 \end{vmatrix}$，求 $M_{41}+M_{42}+M_{43}+M_{44}$ 的值.

其中 M_{ij} 为 a_{ij} 的余子式.

解 方法 1：直接计算 $M_{4i}(i=1,2,3,4)$ 的值，然后相加（略）.

方法 2：利用行列式的按列展开定理，简化计算.

$$M_{41}+M_{42}+M_{43}+M_{44} = -1\cdot A_{41}+1\cdot A_{42}+(-1)\cdot A_{43}+1\cdot A_{44} =$$

$$\begin{vmatrix} 3 & 0 & 4 & 0 \\ 2 & 2 & 2 & 2 \\ 0 & -7 & 0 & 0 \\ -1 & 1 & -1 & 1 \end{vmatrix} = 7\begin{vmatrix} 3 & 4 & 0 \\ 2 & 2 & 2 \\ -1 & -1 & 1 \end{vmatrix} =$$

$$14\begin{vmatrix} 3 & 4 & 0 \\ 1 & 1 & 1 \\ 0 & 0 & 2 \end{vmatrix} = 28\begin{vmatrix} 3 & 4 \\ 1 & 1 \end{vmatrix} = -28$$

例 1.11 计算 n 阶行列式

$$(1)D_n=\begin{vmatrix} x & y & 0 & \cdots & 0 & 0 \\ 0 & x & y & \cdots & 0 & 0 \\ \vdots & \vdots & \vdots & & \vdots & \vdots \\ 0 & 0 & 0 & \cdots & x & y \\ y & 0 & 0 & \cdots & 0 & x \end{vmatrix};(2)D_n=\begin{vmatrix} 0 & 1 & 0 & \cdots & 0 \\ 0 & 0 & 2 & \cdots & 0 \\ \vdots & \vdots & \vdots & & \vdots \\ 0 & 0 & 0 & \cdots & n-1 \\ n & 0 & 0 & \cdots & 0 \end{vmatrix}.$$

解 (1)$D_n \xlongequal{\text{按第1列展开}} a_{11}A_{11}+a_{21}A_{21}+\cdots+a_{n1}A_{n1}=$

$$x(-1)^{1+1}\begin{vmatrix} x & y & 0 & \cdots & 0 & 0 \\ 0 & x & y & \cdots & 0 & 0 \\ \vdots & \vdots & \vdots & & \vdots & \vdots \\ 0 & 0 & 0 & \cdots & x & y \\ 0 & 0 & 0 & \cdots & 0 & x \end{vmatrix}+$$

$$y(-1)^{n+1}\begin{vmatrix} y & 0 & 0 & \cdots & 0 & 0 \\ x & y & 0 & \cdots & 0 & 0 \\ \vdots & \vdots & \vdots & & \vdots & \vdots \\ 0 & 0 & 0 & \cdots & y & 0 \\ 0 & 0 & 0 & \cdots & x & y \end{vmatrix}=$$

$$x^n+(-1)^{n+1}y^n$$

(2)$D_n \xlongequal{\text{按第1列展开}} a_{11}A_{11}+a_{21}A_{21}+\cdots+a_{n1}A_{n1}=$

$$(-1)^{n+1}n\begin{vmatrix} 1 & 0 & \cdots & 0 & 0 \\ 0 & 2 & \cdots & 0 & 0 \\ \vdots & \vdots & & \vdots & \vdots \\ 0 & 0 & \cdots & n-2 & 0 \\ 0 & 0 & \cdots & 0 & n-1 \end{vmatrix}=(-1)^{n+1}n!$$

例 1.12 计算四阶行列式 $D_4=\begin{vmatrix} a+b & 0 & 0 & a-b \\ 0 & a+b & a-b & 0 \\ 0 & a-b & a+b & 0 \\ a-b & 0 & 0 & a+b \end{vmatrix}$.

解 按第1行展开,有

$$D_4=(a+b)(-1)^{1+1}\begin{vmatrix} a+b & a-b & 0 \\ a-b & a+b & 0 \\ 0 & 0 & a+b \end{vmatrix}+$$

$$(a-b)(-1)^{1+4}\begin{vmatrix} 0 & a+b & a-b \\ 0 & a-b & a+b \\ a-b & 0 & 0 \end{vmatrix}$$

对等式右端的两个三阶行列式都按第3行展开,得

$$D=[(a+b)^2-(a-b)^2]\begin{vmatrix} a+b & a-b \\ a-b & a+b \end{vmatrix}=2^4a^2b^2$$

例 1.13 证明范德蒙德行列式(Vandermonde)

$$D_n=\begin{vmatrix} 1 & 1 & \cdots & 1 \\ x_1 & x_2 & \cdots & x_n \\ \vdots & \vdots & & \vdots \\ x_1^{n-1} & x_2^{n-1} & \cdots & x_n^{n-1} \end{vmatrix}=\prod_{1\leqslant j<i\leqslant n}(x_i-x_j)\quad (n\geqslant 2)$$

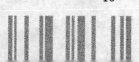

其中 $\prod\limits_{1\leqslant j<i\leqslant n}(x_i-x_j)$ 表示所有可能的 $(x_i-x_j)(j<i)$ 的乘积.

证明 （用数学归纳法）

$n=2$ 时，$D_2=\begin{vmatrix}1 & 1\\ x_1 & x_2\end{vmatrix}=x_2-x_1$，结论正确；

假设对 $n-1$ 范德蒙德行列式结论成立，以下考虑 n 阶情形

$$D_n=\begin{vmatrix}1 & 1 & 1 & \cdots & 1\\ 0 & x_2-x_1 & x_3-x_1 & \cdots & x_n-x_1\\ 0 & x_2^2-x_2x_1 & x_3^2-x_3x_1 & \cdots & x_n^2-x_nx_1\\ \vdots & \vdots & \vdots & & \vdots\\ 0 & x_2^{n-1}-x_2^{n-2}x_1 & x_3^{n-1}-x_3^{n-2}x_1 & \cdots & x_n^{n-1}-x_n^{n-2}x_1\end{vmatrix}=$$

$$\begin{vmatrix}1 & 1 & 1 & \cdots & 1\\ 0 & x_2-x_1 & x_3-x_1 & \cdots & x_n-x_1\\ 0 & x_2(x_2-x_1) & x_3(x_3-x_1) & \cdots & x_n(x_n-x_1)\\ \vdots & \vdots & \vdots & & \vdots\\ 0 & x_2^{n-2}(x_2-x_1) & x_3^{n-2}(x_3-x_1) & \cdots & x_n^{n-2}(x_n-x_1)\end{vmatrix}\xlongequal[\text{提取公因子}]{\text{按第1列展开}}$$

$$\prod_{i=2}^{n}(x_i-x_1)\begin{vmatrix}1 & 1 & \cdots & 1\\ x_2 & x_3 & \cdots & x_n\\ \vdots & \vdots & & \vdots\\ x_2^{n-2} & x_3^{n-2} & \cdots & x_n^{n-2}\end{vmatrix}=\prod_{1\leqslant j<i\leqslant n}(x_i-x_j)$$

例 1.14 用范德蒙德行列式计算四阶行列式

$$D=\begin{vmatrix}1 & 1 & 1 & 1\\ 4 & 3 & 7 & -5\\ 16 & 9 & 49 & 25\\ 64 & 27 & 343 & -125\end{vmatrix}$$

解 对照范德蒙德行列式，此处 $x_1=4, x_2=3, x_3=7, x_4=-5$，所以有

$$\begin{aligned}D=&\prod_{1\leqslant j<i\leqslant 4}(x_i-x_j)=(x_2-x_1)(x_3-x_1)(x_4-x_1)\cdot\\ &(x_3-x_2)(x_4-x_2)\cdot(x_4-x_3)=\\ &(3-4)(7-4)(-5-4)\cdot(7-3)(-5-3)\cdot\\ &(-5-7)=10\ 368\end{aligned}$$

1.5 克拉默法则

1.5.1 非齐次线性方程组

线性方程组

$$\begin{cases} a_{11}x_1+a_{12}x_2+\cdots+a_{1n}x_n=b_1 \\ a_{21}x_1+a_{22}x_2+\cdots+a_{2n}x_n=b_2 \\ \qquad\vdots \\ a_{n1}x_1+a_{n2}x_2+\cdots+a_{nn}x_n=b_n \end{cases}$$

当常数项 $b_1,b_2,\cdots,b_n$不全为零时称为非齐次线性方程组.

当常数项 $b_1,b_2,\cdots,b_n$全为零时称为齐次线性方程组.

定理 1.3(克拉默法则)　含有 n 个未知数的线性方程组

$$\begin{cases} a_{11}x_1+a_{12}x_2+\cdots+a_{1n}x_n=b_1 \\ a_{21}x_1+a_{22}x_2+\cdots+a_{2n}x_n=b_2 \\ \qquad\vdots \\ a_{n1}x_1+a_{n2}x_2+\cdots+a_{nn}x_n=b_n \end{cases} \tag{7}$$

的系数行列式 $D=|a_{ij}|\neq 0$ 时,方程组有唯一解

$$x_1=\frac{D_1}{D},\quad x_2=\frac{D_2}{D},\ \cdots,\ x_n=\frac{D_n}{D}$$

其中

$$D=\begin{vmatrix} a_{11} & a_{12} & \cdots & a_{1n} \\ a_{21} & a_{22} & \cdots & a_{2n} \\ \vdots & \vdots & & \vdots \\ a_{n1} & a_{n2} & \cdots & a_{nn} \end{vmatrix}$$

$$D_j=\begin{vmatrix} a_{11} & \cdots & a_{1,j-1} & b_1 & a_{1,j+1} & \cdots & a_{1n} \\ a_{21} & \cdots & a_{2,j-1} & b_2 & a_{2,j+1} & \cdots & a_{2n} \\ \vdots & & \vdots & \vdots & \vdots & & \vdots \\ a_{n1} & \cdots & a_{n,j-1} & b_n & a_{n,j+1} & \cdots & a_{nn} \end{vmatrix}\quad (j=1,2,3,\cdots,n)$$

证明　用 A_{ij} 乘以第 i 个方程,得

$$a_{i1}A_{ij}x_1+\cdots+a_{ij}A_{ij}x_j+\cdots+a_{in}A_{ij}x_n=b_iA_{ij}\quad (i=1,2,\cdots,n)$$

那么

$$\Big(\sum_{i=1}^{n}a_{i1}A_{ij}\Big)x_1+\cdots+\Big(\sum_{i=1}^{n}a_{ij}A_{ij}\Big)x_j+\cdots+\Big(\sum_{i=1}^{n}a_{in}A_{ij}\Big)x_n=\sum_{i=1}^{n}b_iA_{ij}$$

注　上式中只有 x_j 的系数不为零,其余各项系数全为零.

于是 $Dx_j=D_j$,由于 $D\neq 0$,因此 $x_j=\dfrac{D_j}{D}$,$j=1,2,\cdots,n$. 另证

$$D=\begin{vmatrix} a_{11} & a_{12} & \cdots & a_{1n} \\ a_{21} & a_{22} & \cdots & a_{2n} \\ \vdots & \vdots & & \vdots \\ a_{n1} & a_{n2} & \cdots & a_{nn} \end{vmatrix}$$

$$0\xlongequal{\text{加行加列}}\begin{vmatrix} b_i & a_{i1} & \cdots & a_{in} \\ b_1 & a_{11} & \cdots & a_{1n} \\ \vdots & \vdots & & \vdots \\ b_n & a_{n1} & \cdots & a_{nn} \end{vmatrix}\quad (i=1,2,\cdots,n)$$

$$0=b_iD+a_{i1}(-1)^{1+2}D_1+a_{i2}(-1)^{1+3+1}D_2+a_{i3}(-1)^{1+4+2}D_3+\cdots+a_{in}(-1)^{1+(n+1)}\cdot(-1)^{n-1}D_n$$

$$0=b_iD-a_{i1}D_1-a_{i2}D_2-\cdots-a_{in}D_n\Rightarrow$$

$$b_iD=a_{i1}D_1+a_{i2}D_2+\cdots+a_{in}D_n$$

由于 $D\neq 0$,因此

$$b_i=a_{i1}\frac{D_1}{D}+a_{i2}\frac{D_2}{D}+\cdots+a_{in}\frac{D_n}{D}$$

故 $x_i=\dfrac{D_i}{D}(i=1,2,\cdots,n)$;$Ax=b$ 有解且解唯一.

定理 1.4 如果线性方程组(7)的系数行列式 $D=|a_{ij}|\neq 0$,则方程组一定有解且有唯一解.

定理 1.5 如果线性方程组(7)无解或有两个不同的解,则它的系数行列式必为零.

例 1.15 用克拉默法则解方程组

$$\begin{cases}2x_1+x_2-5x_3+x_4=8\\x_1-3x_2-6x_4=9\\2x_2-x_3+2x_4=-5\\x_1+4x_2-7x_3+6x_4=0\end{cases}$$

解

$$D=\begin{vmatrix}2&1&-5&1\\1&-3&0&-6\\0&2&-1&2\\1&4&-7&6\end{vmatrix}\xlongequal[r_4-r_2]{r_1-2r_2}\begin{vmatrix}0&7&-5&13\\1&-3&0&-6\\0&2&-1&2\\0&7&-7&12\end{vmatrix}=$$

$$-\begin{vmatrix}7&-5&13\\2&-1&2\\7&-7&12\end{vmatrix}=\begin{vmatrix}-3&3\\-7&-2\end{vmatrix}=27\neq 0$$

线性方程组有解

$$D_1=\begin{vmatrix}8&1&-5&1\\9&-3&0&-6\\-5&2&-1&2\\0&4&-7&6\end{vmatrix}=81,\quad D_2=\begin{vmatrix}2&8&-5&1\\1&9&0&-6\\0&-5&-1&2\\1&0&-7&6\end{vmatrix}=-108$$

$$D_3=\begin{vmatrix}2&1&8&1\\1&-3&9&-6\\0&2&-5&2\\1&4&0&6\end{vmatrix}=-27,\quad D_4=\begin{vmatrix}2&1&-5&8\\1&-3&0&9\\0&2&-1&-5\\1&4&-7&0\end{vmatrix}=27$$

所以

$$x_1=\frac{D_1}{D}=\frac{81}{27}=3,\quad x_2=\frac{D_2}{D}=\frac{-108}{27}=-4$$

$$x_3=\frac{D_3}{D}=\frac{-27}{27}=-1,\quad x_4=\frac{D_4}{D}=\frac{27}{27}=1$$

1.5.2　齐次线性方程组

齐次线性方程组

$$\begin{cases} a_{11}x_1+a_{12}x_2+\cdots+a_{1n}x_{1n}=0 \\ a_{21}x_1+a_{22}x_2+\cdots+a_{2n}x_{1n}=0 \\ \qquad\vdots \\ a_{n1}x_1+a_{n2}x_2+\cdots+a_{nn}x_{1n}=0 \end{cases} \tag{8}$$

一定有解，至少有一组零解，即 $x_1=x_2=\cdots=x_n=0$.

定理1.6　如果齐次线性方程组(8)的系数行列式 $D=|a_{ij}|\neq 0$，则齐次线性方程组只有零解.

定理1.7　齐次线性方程组(8)有非零解的充要条件是系数行列式 $D=0$.

例1.16　问 λ 为何值时，齐次线性方程组 $\begin{cases}(5-\lambda)x+2y+2z=0\\2x+(6-\lambda)y=0\\2x+(4-\lambda)z=0\end{cases}$ 有非零解？

解

$$D=\begin{vmatrix}5-\lambda & 2 & 2\\ 2 & 6-\lambda & 0\\ 2 & 0 & 4-\lambda\end{vmatrix}=(5-\lambda)(2-\lambda)(8-\lambda)$$

由齐次线性方程组有非零解的充要条件为系数行列式 $D=0$ 得

$$(5-\lambda)(2-\lambda)(8-\lambda)=0\Rightarrow\lambda_1=5,\lambda_2=2,\lambda_3=8$$

故当 $\lambda_1=5$ 或 $\lambda_2=2$ 或 $\lambda_3=8$ 时，齐次线性方程组有非零解.

习　题　一

1. 计算以下行列式：

(1) $\begin{vmatrix}1 & -1\\1 & 2\end{vmatrix}$；　　(2) $\begin{vmatrix}\cos\theta & -\sin\theta\\ \sin\theta & \cos\theta\end{vmatrix},\theta\in\mathbf{R}$；

(3) $\begin{vmatrix}1&2&3\\4&5&6\\7&8&9\end{vmatrix}$；　　(4) $\begin{vmatrix}0&a&0\\b&0&c\\0&d&0\end{vmatrix},a,b,c,d\in\mathbf{R}$；

(5) $\begin{vmatrix}1&2&-1\\0&0&2\\2&2&1\end{vmatrix}$；　　(6) $\begin{vmatrix}1&1&1\\a&b&c\\a^2&b^2&c^2\end{vmatrix},a,b,c\in\mathbf{R}$.

2. 计算以下排列的逆序数，并说明其奇偶性：

(1) 3　1　4　5　2；

(2) 3　4　1　5　2；

(3) 1　3　5　…　$(2n-1)$　2　4　6　…　$(2n)$，$n\geqslant 1$；

(4) 2　4　6　…　$(2n)$　1　3　5　…　$(2n-1)$，$n\geqslant 1$.

3. 设 $j_1j_2\cdots j_n$ 为任一 n 阶排列，计算

$$\sigma(j_1\quad j_2\quad\cdots\quad j_n)+\sigma(j_n\quad\cdots\quad j_2\quad j_1)$$

4. 确定六阶行列式中，项 $a_{13}a_{31}a_{24}a_{62}a_{45}a_{56}$ 所带符号.

5. 选择 i,j，使得五阶行列式中项 $a_{1i}a_{34}a_{2j}a_{53}a_{41}$ 所带符号为正号.

6. 利用行列式的定义计算以下行列式：

(1) $D=\begin{vmatrix} a & 0 & 0 & 0 \\ 0 & 0 & b & 0 \\ 0 & c & 0 & 0 \\ 0 & 0 & 0 & d \end{vmatrix}$；(2) $D=\begin{vmatrix} a_{11} & a_{12} & a_{13} & 0 & 0 \\ a_{21} & a_{22} & a_{23} & 0 & 0 \\ a_{31} & a_{32} & a_{33} & 0 & 0 \\ a_{41} & a_{42} & a_{43} & 0 & 0 \\ a_{51} & a_{52} & a_{53} & 1 & 1 \end{vmatrix}$.

7. 证明：(1) $\begin{vmatrix} 1+x_1y_1 & 1+x_1y_2 & 1+x_1y_3 & 1+x_1y_4 \\ 1+x_2y_1 & 1+x_2y_2 & 1+x_2y_3 & 1+x_2y_4 \\ 1+x_3y_1 & 1+x_3y_2 & 1+x_3y_3 & 1+x_3y_4 \\ 1+x_4y_1 & 1+x_4y_2 & 1+x_4y_3 & 1+x_4y_4 \end{vmatrix}=0$；

(2) $\begin{vmatrix} a^2 & (a+1)^2 & (a+2)^2 & (a+3)^2 \\ b^2 & (b+1)^2 & (b+2)^2 & (b+3)^2 \\ c^2 & (c+1)^2 & (c+2)^2 & (c+3)^2 \\ d^2 & (d+1)^2 & (d+2)^2 & (d+3)^2 \end{vmatrix}=0$；

(3) $\begin{vmatrix} by+az & bz+ax & bx+ay \\ bx+ay & by+az & bz+ax \\ bz+ax & bx+ay & by+az \end{vmatrix}=(a^3+b^3)\begin{vmatrix} x & y & z \\ z & x & y \\ y & z & x \end{vmatrix}$.

.

8. 已知 $D=\begin{vmatrix} a_{11} & a_{12} & a_{13} \\ a_{21} & a_{22} & a_{23} \\ a_{31} & a_{32} & a_{33} \end{vmatrix}=a$，计算下列行列式：

(1) $D_1=\begin{vmatrix} a_{11} & a_{12} & 3a_{13} \\ a_{21} & a_{22} & 3a_{23} \\ a_{31} & a_{32} & 3a_{33} \end{vmatrix}$；

(2) $D_2=\begin{vmatrix} 3a_{11} & 3a_{12} & 3a_{13} \\ 3a_{21} & 3a_{22} & 3a_{23} \\ 3a_{31} & 3a_{32} & 3a_{33} \end{vmatrix}$；

(3) $D_3=\begin{vmatrix} 3a_{11} & a_{13}-2a_{11} & a_{12} \\ 3a_{21} & a_{23}-2a_{21} & a_{22} \\ 3a_{31} & a_{33}-2a_{31} & a_{32} \end{vmatrix}$.

9. 计算以下行列式：

(1) $D=\begin{vmatrix} 1 & 2 & \cdots & 2 & 2 \\ 2 & 2 & \cdots & 2 & 2 \\ \vdots & \vdots & & \vdots & \vdots \\ 2 & 2 & \cdots & n-1 & 2 \\ 2 & 2 & \cdots & 2 & n \end{vmatrix}$；

(2) $D=\begin{vmatrix} a_0 & 1 & \cdots & 1 & 1 \\ 1 & a_1 & \cdots & 0 & 0 \\ \vdots & \vdots & & \vdots & \vdots \\ 1 & 0 & \cdots & a_{n-1} & 0 \\ 1 & 0 & \cdots & 0 & a_n \end{vmatrix}$，其中 $a_i \neq 0, i=1,2,\cdots,n$；

(3) $D=\begin{vmatrix} a_1+x_1 & a_2 & a_3 & \cdots & a_n \\ a_1 & a_2+x_2 & a_3 & \cdots & a_n \\ a_1 & a_2 & a_3+x_3 & \cdots & a_n \\ \vdots & \vdots & \vdots & & \vdots \\ a_1 & a_2 & a_3 & \cdots & a_n+x_n \end{vmatrix}$，其中 $x_i \neq 0, i=1,2,\cdots,n$；

(4) $D=\begin{vmatrix} a & & & & & & & b \\ & a & & & & & b & \\ & & \ddots & & & \iddots & & \\ & & & a & b & & & \\ & & & b & a & & & \\ & & b & & & \ddots & & \\ & \iddots & & & & & a & \\ b & & & & & & & a \end{vmatrix}$；

(5) $D=\begin{vmatrix} 1 & 1 & 1 & \cdots & 1 \\ a & a-1 & a-2 & \cdots & a-n \\ a^2 & (a-1)^2 & (a-2)^2 & \cdots & (a-n)^2 \\ \vdots & \vdots & \vdots & & \vdots \\ a^n & (a-1)^n & (a-2)^n & \cdots & (a-n)^n \end{vmatrix}$；

(6) $D=\begin{vmatrix} x & -1 & 0 & 0 & \cdots & 0 \\ 0 & x & -1 & 0 & \cdots & 0 \\ 0 & 0 & x & -1 & \cdots & 0 \\ \vdots & \vdots & \vdots & & \ddots & \vdots \\ 0 & 0 & 0 & \cdots & x & -1 \\ a_k & a_{k-1} & a_{k-2} & \cdots & a_2 & x+a_1 \end{vmatrix}$；

$$(7)D=\begin{vmatrix} 1+x^2 & x & & & \\ x & 1+x^2 & x & & \\ & x & \ddots & \ddots & \\ & & \ddots & \ddots & x \\ & & & x & 1+x^2 \end{vmatrix}.$$

10. 用克拉默法则解线性方程组：

$$(1)\begin{cases} x_1+x_2-2x_3=-3 \\ 5x_1-2x_2+7x_3=22; \\ 2x_1-5x_2+4x_3=4 \end{cases} \qquad (2)\begin{cases} x+y+z=1 \\ ax+by+cz=a \\ bcx+cay+abz=a^2 \end{cases}.$$

其中 a,b,c 互不相等.

11. 考虑齐次线性方程组

$$\begin{cases} x_1+x_2+x_3+ax_4=0 \\ x_1+2x_2+x_3+ax_4=0 \\ x_1+x_2-3x_3+x_4=0 \\ x_1+x_2+ax_3+bx_4=0 \end{cases}$$

若其只有零解，则 a,b 应满足什么条件？

第 2 章 矩阵

矩阵是线性代数的一个基本概念，矩阵的运算是线性代数的基本内容. 它在线性代数与数学的许多分支中都有具体的应用，数学学科、自然学科及工程学科等学科中很多问题都可以用矩阵的理论来处理.

本章从实际问题出发，引出矩阵的概念，然后系统地介绍矩阵的基本运算及有关的定理、结论.

2.1 矩阵的概念

在许多问题中会遇到一些用数表表示的数量关系，例如，一个公司有四个销售点：甲、乙、丙、丁，在第一季度的销售额见表 2.1.

表 2.1　　万元

	甲	乙	丙	丁
1 月份	5	3	6	7
2 月份	4	5	5	8
3 月份	6	5	6	7

如果将表格中的数据取出，并保持原来的相应位置，就得到一个三行四列的矩形数表

$$\begin{bmatrix} 5 & 3 & 6 & 7 \\ 4 & 5 & 5 & 8 \\ 6 & 5 & 6 & 7 \end{bmatrix}$$

这个数表中的每一个数都有确切的含义，例如第二行第四列的数 8 表示 2 月份销售点丁的销售额为 8 万元. 用这种矩形数表表示销售额便于进行各种统计和数学处理，这种矩形数表就称为矩阵.

定义 2.1　由 $m\times n$ 个数 $a_{ij}(i=1,2,\cdots,m;j=1,2,\cdots,n)$ 排成 m 行 n 列的数表

$$\begin{bmatrix} a_{11} & a_{12} & \cdots & a_{1n} \\ a_{21} & a_{22} & \cdots & a_{2n} \\ \vdots & \vdots & & \vdots \\ a_{m1} & a_{m2} & \cdots & a_{mn} \end{bmatrix}$$

称为 m 行 n 列矩阵，简称 $m\times n$ 矩阵. 这 $m\times n$ 个数称为矩阵的元素，a_{ij} 称为矩阵的第 i 行

第 j 列元素. 元素是实数的矩阵称实矩阵,元素是复数的矩阵称复矩阵. 本书中的矩阵除特殊说明之外,都指实矩阵. 通常用加粗大写字母 $\boldsymbol{A},\boldsymbol{B},\boldsymbol{C}$ 等表示矩阵,$m\times n$ 矩阵 $\boldsymbol{A}$ 简记为 $\boldsymbol{A}=[a_{ij}]_{m\times n}$,$\boldsymbol{A}=[a_{ij}]$ 或 $\boldsymbol{A}_{m\times n}$.

如果矩阵 $\boldsymbol{A}$ 中的行数与列数相等,即当 $m=n$ 时,$\boldsymbol{A}$ 称为 n 阶方阵.

当 $m=1$ 时,$\boldsymbol{A}$ 矩阵只有一行,$\boldsymbol{A}_{1\times n}=[a_{11}\quad a_{12}\quad\cdots\quad a_{1n}]$ 称为行矩阵.

当 $n=1$ 时,$\boldsymbol{A}$ 矩阵只有一列,$\boldsymbol{A}_{m\times 1}=\begin{bmatrix}a_{11}\\a_{21}\\\vdots\\a_{m1}\end{bmatrix}$ 称为列矩阵.

两个矩阵的行数相等、列数也相等时就称它们为同型矩阵.

如果 $\boldsymbol{A}=[a_{ij}]$ 与 $\boldsymbol{B}=[b_{ij}]$ 是同型矩阵,并且它们的对应元素相等,即

$$a_{ij}=b_{ij}\quad(i=1,2,\cdots,m;j=1,2,\cdots,n)$$

那么就称 $\boldsymbol{A}$ 与 $\boldsymbol{B}$ 相等,记作 $\boldsymbol{A}=\boldsymbol{B}$. 两个矩阵相等指这两个矩阵完全相同.

元素都是零的矩阵称为零矩阵,记作 $\boldsymbol{O}$. 注意不同型的零矩阵是不同的.

2.2 几种特殊矩阵

(1) 三角矩阵:n 阶方阵

$$\begin{bmatrix}a_{11} & a_{12} & \cdots & a_{1n}\\0 & a_{22} & \cdots & a_{2n}\\\vdots & \vdots & & \vdots\\0 & 0 & \cdots & a_{nn}\end{bmatrix}$$

称为上三角矩阵. 这个方阵的特点是:主对角线以下的元素都是 0.

n 阶方阵

$$\begin{bmatrix}a_{11} & 0 & \cdots & 0\\a_{21} & a_{22} & \cdots & 0\\\vdots & \vdots & & \vdots\\a_{n1} & a_{n2} & \cdots & a_{nn}\end{bmatrix}$$

称为下三角矩阵. 这个方阵的特点是:主对角线以上的元素都是 0.

上三角矩阵和下三角矩阵统称为三角矩阵.

(2) 对角矩阵:n 阶方阵

$$\begin{bmatrix}a_{11} & 0 & \cdots & 0\\0 & a_{22} & \cdots & 0\\\vdots & \vdots & & \vdots\\0 & 0 & \cdots & a_{nn}\end{bmatrix}$$

称为 n 阶对角矩阵,简称为对角阵. 这个方阵的特点是:不在主对角线上的元素都是 0. 简记为

$$\Lambda = \mathrm{diag}(a_{11}, a_{22}, \cdots, a_{nn})$$

(3) 纯量矩阵：n 阶方阵

$$\begin{bmatrix} \lambda & 0 & \cdots & 0 \\ 0 & \lambda & \cdots & 0 \\ \vdots & \vdots & & \vdots \\ 0 & 0 & \cdots & \lambda \end{bmatrix}$$

称为 n 阶纯量阵. 这个方阵的特点是：主对角线上的元素都是 λ，其余都是 0.

(4) 单位矩阵：n 阶方阵

$$\begin{bmatrix} 1 & 0 & \cdots & 0 \\ 0 & 1 & \cdots & 0 \\ \vdots & \vdots & & \vdots \\ 0 & 0 & \cdots & 1 \end{bmatrix}$$

称为 n 阶单位阵，简记为 $\boldsymbol{E}$ 或 $\boldsymbol{I}$. 这个方阵的特点是：从左上角到右下角的直线（称为主对角线）上的元素都是 1，其余都是 0.

(5) 对称矩阵：n 阶方阵

$$\begin{bmatrix} a_{11} & a_{12} & \cdots & a_{1n} \\ a_{12} & a_{22} & \cdots & a_{2n} \\ \vdots & \vdots & & \vdots \\ a_{1n} & a_{2n} & \cdots & a_{nn} \end{bmatrix}$$

称为对称矩阵. 这个方阵的特点是：它的元素满足条件

$$a_{ij} = a_{ji} \quad (i, j = 1, 2, \cdots, n)$$

例如：$\begin{bmatrix} 2 & 1 & -3 & 8 \\ 1 & 5 & 6 & 9 \\ -3 & 6 & -1 & 0 \\ 8 & 9 & 0 & 7 \end{bmatrix}$是一个四阶对称矩阵.

(6) 反对称矩阵：n 阶方阵

$$\begin{bmatrix} 0 & a_{12} & \cdots & a_{1n} \\ -a_{12} & 0 & \cdots & a_{2n} \\ \vdots & \vdots & & \vdots \\ -a_{1n} & -a_{2n} & \cdots & 0 \end{bmatrix}$$

称为反对称矩阵. 这个方阵的特点是：它的元素满足条件

$$a_{ij} = -a_{ji} \quad (i, j = 1, 2, \cdots, n)$$

例如：$\begin{bmatrix} 0 & 1 & -3 & 8 \\ -1 & 0 & 6 & 9 \\ 3 & -6 & 0 & 7 \\ -8 & -9 & -7 & 0 \end{bmatrix}$是一个四阶反对称矩阵.

2.3 矩阵的运算

2.3.1 线性运算

1. 矩阵的加法

定义 2.2 设有两个 $m\times n$ 矩阵，$\boldsymbol{A}=(a_{ij})$，$\boldsymbol{B}=(b_{ij})$，那么 $\boldsymbol{A}$ 与 $\boldsymbol{B}$ 的和记作 $\boldsymbol{A}+\boldsymbol{B}$，规定为

$$\boldsymbol{A}+\boldsymbol{B}=\begin{bmatrix} a_{11}+b_{11} & a_{12}+b_{12} & \cdots & a_{1n}+b_{1n} \\ a_{21}+b_{21} & a_{22}+b_{22} & \cdots & a_{2n}+b_{2n} \\ \vdots & \vdots & & \vdots \\ a_{m1}+b_{m1} & a_{m2}+b_{m2} & \cdots & a_{mn}+b_{mn} \end{bmatrix}$$

应该注意，只有当两个矩阵是同型矩阵时，这两个矩阵才能进行加法运算.

例 2.1 设 $\boldsymbol{A}=\begin{bmatrix} -1 & 2 & 3 \\ 0 & 3 & -2 \end{bmatrix}$，$\boldsymbol{B}=\begin{bmatrix} 4 & 3 & 2 \\ 5 & -3 & 0 \end{bmatrix}$，求 $\boldsymbol{A}+\boldsymbol{B}$.

解 $\boldsymbol{A}+\boldsymbol{B}=\begin{bmatrix} -1+4 & 2+3 & 3+2 \\ 0+5 & 3+(-3) & -2+0 \end{bmatrix}=\begin{bmatrix} 3 & 5 & 5 \\ 5 & 0 & -2 \end{bmatrix}$

矩阵加法满足下列运算规律：

(1) $\boldsymbol{A}+\boldsymbol{B}=\boldsymbol{B}+\boldsymbol{A}$；(交换律)

(2) $(\boldsymbol{A}+\boldsymbol{B})+\boldsymbol{C}=\boldsymbol{A}+(\boldsymbol{B}+\boldsymbol{C})$.(结合律)

其中 $\boldsymbol{A},\boldsymbol{B},\boldsymbol{C}$ 都是 $m\times n$ 矩阵.

设矩阵 $\boldsymbol{A}=(a_{ij})$，记：$-\boldsymbol{A}=(-a_{ij})$，$-\boldsymbol{A}$ 称为 $\boldsymbol{A}$ 的负矩阵，显然有：$\boldsymbol{A}+(-\boldsymbol{A})=\boldsymbol{O}$.

由此规定矩阵的减法为 $\boldsymbol{A}-\boldsymbol{B}=\boldsymbol{A}+(-\boldsymbol{B})$.

2. 数与矩阵相乘

定义 2.3 数 λ 与矩阵 $\boldsymbol{A}$ 的乘积(简称数乘)记作 $\lambda\boldsymbol{A}$ 或 $\boldsymbol{A}\lambda$，规定为

$$\lambda\boldsymbol{A}=\boldsymbol{A}\lambda=\begin{bmatrix} \lambda a_{11} & \lambda a_{12} & \cdots & \lambda a_{1n} \\ \lambda a_{21} & \lambda a_{22} & \cdots & \lambda a_{2n} \\ \vdots & \vdots & & \vdots \\ \lambda a_{m1} & \lambda a_{m2} & \cdots & \lambda a_{mn} \end{bmatrix}$$

数乘满足下列运算规律：

(1) $(\lambda\mu)\boldsymbol{A}=\lambda(\mu\boldsymbol{A})$；

(2) $(\lambda+\mu)\boldsymbol{A}=\lambda\boldsymbol{A}+\mu\boldsymbol{A}$；

(3) $\lambda(\boldsymbol{A}+\boldsymbol{B})=\lambda\boldsymbol{A}+\lambda\boldsymbol{B}$.

其中，$\boldsymbol{A},\boldsymbol{B}$ 为 $m\times n$ 矩阵；λ,μ 为数.

矩阵的加法与矩阵的数乘运算统称为矩阵的线性运算.

例 2.2 设 $\boldsymbol{A}=\begin{bmatrix} 3 & -1 & 2 & 0 \\ 1 & 5 & 7 & 9 \\ 2 & 4 & 6 & 8 \end{bmatrix}$，$\boldsymbol{B}=\begin{bmatrix} 7 & 5 & -2 & 4 \\ 5 & 1 & 9 & 7 \\ 3 & 2 & -1 & 6 \end{bmatrix}$，已知 $\boldsymbol{A}+2\boldsymbol{X}=\boldsymbol{B}$，求 $\boldsymbol{X}$.

解 在等式中移项得 $2\boldsymbol{X}=\boldsymbol{B}-\boldsymbol{A}$,再除以2得 $\boldsymbol{X}=\frac{1}{2}(\boldsymbol{B}-\boldsymbol{A})$.通过计算立得

$$\boldsymbol{X}=\begin{bmatrix}2 & 3 & -2 & 2\\ 2 & -2 & 1 & -1\\ 1/2 & -1 & -7/2 & -1\end{bmatrix}$$

2.3.2 矩阵与矩阵相乘

在许多问题中,会遇到 m 个变量 $y_1,y_2,\cdots,y_m$ 要用另外 n 个变量 $x_1,x_2,\cdots,x_n$ 线性地表示,即

$$\begin{cases}y_1=a_{11}x_1+a_{12}x_2+\cdots+a_{1n}x_n\\ y_2=a_{21}x_1+a_{22}x_2+\cdots+a_{2n}x_n\\ \quad\vdots\\ y_m=a_{m1}x_1+a_{m2}x_2+\cdots+a_{mn}x_n\end{cases}\tag{1}$$

其中 a_{ij} 为常数($i=1,2,\cdots,m;j=1,2,\cdots,n$).这种从变量 $x_1,x_2,\cdots,x_n$ 到变量 $y_1,y_2,\cdots,y_m$ 的变换称为线性变换.线性变换的系数 a_{ij} 构成的矩阵 $\boldsymbol{A}=(a_{ij})_{m\times n}$ 称为线性变换(1)的系数矩阵.

显然线性变换与它的系数矩阵之间存在着一一对应关系.

例 2.3 某公司有甲、乙、丙三个连锁店,销售A,B,C,D四种产品,每天的销售量见表2.2.

表 2.2 件

	A	B	C	D
甲	15	13	16	17
乙	14	15	15	18
丙	16	15	16	17

用 x_1,x_2,x_3,x_4 分别表示A,B,C,D四种产品的单价,用 y_1,y_2,y_3 分别表示甲、乙、丙三个连锁店每天的销售额,产品的单价确定后,通过线性变换

$$\begin{cases}y_1=15x_1+13x_2+16x_3+17x_4\\ y_2=14x_1+15x_2+15x_3+18x_4\\ y_3=16x_1+15x_2+16x_3+17x_4\end{cases}\tag{2}$$

可以求出甲、乙、丙三个连锁店每天的销售额.线性变换(2)的系数矩阵为

$$\boldsymbol{A}=\begin{bmatrix}15 & 13 & 16 & 17\\ 14 & 15 & 15 & 18\\ 16 & 15 & 16 & 17\end{bmatrix}$$

例 2.4 线性变换

$$\begin{cases}y_1=x_1\\ y_2=x_2\\ \quad\vdots\\ y_n=x_n\end{cases}$$

称为恒等变换，它的系数矩阵为 n 阶单位阵

$$\boldsymbol{E}_n=\begin{bmatrix}1&0&\cdots&0\\0&1&\cdots&0\\\vdots&\vdots&&\vdots\\0&0&\cdots&1\end{bmatrix}$$

设有两个线性变换

$$\begin{cases}y_1=a_{11}x_1+a_{12}x_2+a_{13}x_3\\y_2=a_{21}x_1+a_{22}x_2+a_{23}x_3\end{cases}\tag{3}$$

$$\begin{cases}x_1=b_{11}t_1+b_{12}t_2\\x_2=b_{21}t_1+b_{22}t_2\\x_3=b_{31}t_1+b_{32}t_2\end{cases}\tag{4}$$

线性变换(3) 的系数矩阵为

$$\begin{bmatrix}a_{11}&a_{12}&a_{13}\\a_{21}&a_{22}&a_{23}\end{bmatrix}$$

线性变换(4) 的系数矩阵为

$$\begin{bmatrix}b_{11}&b_{12}\\b_{21}&b_{22}\\b_{31}&b_{32}\end{bmatrix}$$

若想用变量 t_1,t_2 线性地表示变量 y_1,y_2，可将(4) 代入(3)，得

$$\begin{cases}y_1=(a_{11}b_{11}+a_{12}b_{21}+a_{13}b_{31})t_1+(a_{11}b_{12}+a_{12}b_{22}+a_{13}b_{32})t_2\\y_2=(a_{21}b_{11}+a_{22}b_{21}+a_{23}b_{31})t_1+(a_{21}b_{12}+a_{22}b_{22}+a_{23}b_{32})t_2\end{cases}\tag{5}$$

线性变换(5) 的系数矩阵为

$$\begin{bmatrix}a_{11}b_{11}+a_{12}b_{21}+a_{13}b_{31}&a_{11}b_{12}+a_{12}b_{22}+a_{13}b_{32}\\a_{21}b_{11}+a_{22}b_{21}+a_{23}b_{31}&a_{21}b_{12}+a_{22}b_{22}+a_{23}b_{32}\end{bmatrix}$$

线性变换(5) 可以看作是先做线性变换(4) 再做线性变换(3) 的结果. 把线性变换(5) 称为线性变换(3) 与(4) 的乘积，相反地把(5) 所对应的矩阵定义为(3) 与(4) 所对应的矩阵的乘积，即

$$\begin{bmatrix}a_{11}&a_{12}&a_{13}\\a_{21}&a_{22}&a_{23}\end{bmatrix}\begin{bmatrix}b_{11}&b_{12}\\b_{21}&b_{22}\\b_{31}&b_{32}\end{bmatrix}=\begin{bmatrix}a_{11}b_{11}+a_{12}b_{21}+a_{13}b_{31}&a_{11}b_{12}+a_{12}b_{22}+a_{13}b_{32}\\a_{21}b_{11}+a_{22}b_{21}+a_{23}b_{31}&a_{21}b_{12}+a_{22}b_{22}+a_{23}b_{32}\end{bmatrix}$$

一般地，有如下定义 2.4.

定义 2.4 设 $\boldsymbol{A}=(a_{ij})_{m\times s}$ 是一个 $m\times s$ 矩阵，$\boldsymbol{B}=(b_{ij})_{s\times n}$ 是一个 $s\times n$ 矩阵，那么规定矩阵 $\boldsymbol{A}$ 与 $\boldsymbol{B}$ 的乘积是一个 $m\times n$ 矩阵 $\boldsymbol{C}=(c_{ij})_{m\times n}$，其中

$$c_{ij}=\sum_{k=1}^{s}a_{ik}b_{kj}\quad(i=1,2,\cdots,m;j=1,2,\cdots,n)\tag{6}$$

并把此乘积记作：$\boldsymbol{C}=\boldsymbol{AB}$.

特别要注意的是，只有当左边矩阵 $\boldsymbol{A}$ 的列数与右边矩阵 $\boldsymbol{B}$ 的行数相等时，乘积 $\boldsymbol{C}=\boldsymbol{AB}$

才有意义.

按此定义,一个 $1\times s$ 行矩阵与一个 $s\times 1$ 列矩阵的乘积是一个一阶方阵(运算的最终结果是一个一阶方阵时,可以看成一个数)

$$\begin{bmatrix}a_{i1} & a_{i2} & \cdots & a_{is}\end{bmatrix}\begin{bmatrix}b_{1j}\\ b_{2j}\\ \vdots\\ b_{sj}\end{bmatrix}=a_{i1}b_{1j}+a_{i2}b_{2j}+\cdots+a_{is}b_{sj}=\sum_{k=1}^{s}a_{ik}b_{kj}=c_{ij}$$

由此表明乘积矩阵 $\boldsymbol{AB}=\boldsymbol{C}$ 的第 i 行第 j 列元素 c_{ij} 就是 $\boldsymbol{A}$ 的第 i 行与 $\boldsymbol{B}$ 的第 j 列的乘积.

定义了矩阵与矩阵相乘,可将线性变换(1) 记作 $\boldsymbol{y}=\boldsymbol{Ax}$,其中

$$\boldsymbol{A}=(a_{ij})_{m\times n},\quad \boldsymbol{x}=\begin{bmatrix}x_1\\ x_2\\ \vdots\\ x_n\end{bmatrix},\quad \boldsymbol{y}=\begin{bmatrix}y_1\\ y_2\\ \vdots\\ y_m\end{bmatrix}$$

同样,将线性方程组利用矩阵的乘法可以简化线性方程组的表示形式.设

$$\begin{cases}a_{11}x_1+a_{12}x_2+\cdots+a_{1n}x_n=b_1\\ a_{21}x_1+a_{22}x_2+\cdots+a_{2n}x_n=b_2\\ \qquad\vdots\\ a_{m1}x_1+a_{m2}x_2+\cdots+a_{mn}x_n=b_m\end{cases}\tag{7}$$

是含有 m 个方程、n 个变量的线性方程组,若记

$$\boldsymbol{A}=\begin{bmatrix}a_{11} & a_{12} & \cdots & a_{1n}\\ a_{21} & a_{22} & \cdots & a_{2n}\\ \vdots & \vdots & & \vdots\\ a_{m1} & a_{m2} & \cdots & a_{mn}\end{bmatrix},\quad \boldsymbol{x}=\begin{bmatrix}x_1\\ x_2\\ \vdots\\ x_n\end{bmatrix},\quad \boldsymbol{b}=\begin{bmatrix}b_1\\ b_2\\ \vdots\\ b_m\end{bmatrix}$$

则方程组可表示为矩阵方程

$$\boldsymbol{Ax}=\boldsymbol{b}$$

矩阵 $\begin{bmatrix}a_{11} & a_{12} & \cdots & a_{1n} & b_1\\ a_{21} & a_{22} & \cdots & a_{2n} & b_2\\ \vdots & \vdots & & \vdots & \vdots\\ a_{m1} & a_{m2} & \cdots & a_{mn} & b_m\end{bmatrix}$ 为线性方程组(7) 对应的矩阵.

例 2.5 求矩阵 $\boldsymbol{A}=\begin{bmatrix}1 & 0 & 3 & -1\\ 2 & 1 & 0 & 2\end{bmatrix}$ 与 $\boldsymbol{B}=\begin{bmatrix}2 & 1 & 0\\ -1 & 1 & 3\\ 2 & 0 & 1\\ 1 & 3 & 3\end{bmatrix}$ 的乘积 $\boldsymbol{AB}$.

解 因为 $\boldsymbol{A}$ 是 2×4 矩阵,$\boldsymbol{B}$ 是 4×3 矩阵,$\boldsymbol{A}$ 的列数等于 $\boldsymbol{B}$ 的行数,所以矩阵 $\boldsymbol{A}$ 与 $\boldsymbol{B}$ 可以相乘,其乘积 $\boldsymbol{C}=\boldsymbol{AB}$ 是一个 2×3 矩阵.由式(6) 有

$$C=AB=\begin{bmatrix}1&0&3&-1\\2&1&0&2\end{bmatrix}\begin{bmatrix}2&1&0\\-1&1&3\\2&0&1\\1&3&3\end{bmatrix}=$$

$$\begin{bmatrix}1\times2+0\times(-1)+3\times2+(-1)\times1 & 1\times1+0\times1+3\times0+(-1)\times3 & 1\times0+0\times3+3\times1+(-1)\times4\\ 2\times2+1\times(-1)+0\times2+2\times1 & 2\times1+1\times1+0\times0+2\times3 & 2\times0+1\times3+0\times1+2\times4\end{bmatrix}=$$

$$\begin{bmatrix}7&-2&-1\\5&9&11\end{bmatrix}$$

例 2.6 设 $A=\begin{bmatrix}-2&4\\1&-2\end{bmatrix}$，$B=\begin{bmatrix}2&4\\-3&-6\end{bmatrix}$，$C=\begin{bmatrix}8&8\\0&-4\end{bmatrix}$，求 AB，BA，AC.

解 利用乘积的构成规则容易得到

$$AB=\begin{bmatrix}-2&4\\1&-2\end{bmatrix}\begin{bmatrix}2&4\\-3&-6\end{bmatrix}=\begin{bmatrix}-16&-32\\8&16\end{bmatrix}$$

$$BA=\begin{bmatrix}2&4\\-3&-6\end{bmatrix}\begin{bmatrix}-2&4\\1&-2\end{bmatrix}=\begin{bmatrix}0&0\\0&0\end{bmatrix}$$

$$AC=\begin{bmatrix}-2&4\\1&-2\end{bmatrix}\begin{bmatrix}8&8\\0&-4\end{bmatrix}=\begin{bmatrix}-16&-32\\8&16\end{bmatrix}$$

从例 2.6 可以看到矩阵乘法的两个重要特点：

(1) 矩阵乘法不满足交换律，即一般情况下 $AB\neq BA$.

(2) 矩阵乘法不满足消去律，即从 $A\neq O$ 和 $AB=AC$ 不能推得 $B=C$. 特别地，当 $BA=O$ 时，不能断定 $A-O$ 或者 $B=O$.

如果两个矩阵 A 与 B 相乘，满足 $AB=BA$，则称矩阵 A 与 B 可交换.

矩阵的乘法满足下列规律(设下列运算都是可行的)：

(1) 乘法结合律：$(AB)C=A(BC)$；

(2) 左、右分配律：$(A+B)C=AC+BC$，$C(A+B)=CA+CB$；

(3) 数乘结合律：$k(AB)=(kA)B=A(kB)$.

$A=(a_{ij})_{m\times n}$，E_m，E_n 分别为 m 阶、n 阶单位矩阵，不难验证 $E_mA=A$，$AE_n=A$. 特别地，当 $m=n$ 时

$$EA=AE=A$$

可见单位矩阵 E 在矩阵乘法中与数 1 在数量乘法中有类似的作用. 单位矩阵与任何同阶矩阵可交换.

矩阵相乘时要注意顺序，有左乘、右乘之分. 不过，矩阵的自乘无需区别左乘、右乘，因此，可以引入矩阵乘幂的记号，比如

$$A\cdot A\cdot A=A^3$$

这里 A 是 n 阶方阵. 方阵的乘幂显然有下列性质

$$A^k\cdot A^l=A^{k+l},\quad (A^k)^l=A^{kl}$$

其中 k，l 是自然数. 但是因为 A，B 的乘积不能交换顺序，所以

$$(AB)^2=(AB)(AB)\neq(AA)(BB)=A^2B^2$$

一般情况下,当 $k \geqslant 2$ 时,$(\boldsymbol{AB})^k \neq \boldsymbol{A}^k\boldsymbol{B}^k$. 这与数量的乘幂运算规则大不相同.

例 2.7 设 $\boldsymbol{A}=\begin{bmatrix}-3 & 2 & -1\\ 0 & 3 & 0\\ 1 & 4 & -2\end{bmatrix}$,求 $P(\boldsymbol{A})=2\boldsymbol{A}^2-3\boldsymbol{A}+4\boldsymbol{E}$.

解 $P(\boldsymbol{A})=2\begin{bmatrix}-3 & 2 & -1\\ 0 & 3 & 0\\ 1 & 4 & -2\end{bmatrix}\begin{bmatrix}-3 & 2 & -1\\ 0 & 3 & 0\\ 1 & 4 & -2\end{bmatrix}-3\boldsymbol{A}+4\boldsymbol{E}=$

$$2\begin{bmatrix}8 & -4 & 5\\ 0 & 9 & 0\\ -5 & 6 & 3\end{bmatrix}-3\begin{bmatrix}-3 & 2 & -1\\ 0 & 3 & 0\\ 1 & 4 & -2\end{bmatrix}+4\begin{bmatrix}1 & 0 & 0\\ 0 & 1 & 0\\ 0 & 0 & 1\end{bmatrix}=$$

$$\begin{bmatrix}29 & -14 & 13\\ 0 & 13 & 0\\ -13 & 0 & 16\end{bmatrix}$$

本例中,$P(\boldsymbol{A})$ 与多项式 $P(x)=2x^2-3x+4$ 有类似的形式,因此称它为矩阵多项式. 一般地,如果一个矩阵式的每一项都是带系数的同一方阵 $\boldsymbol{A}$ 的非负整数幂,"常数项"(零次幂项)是带系数的单位矩阵,那么称这个矩阵式为关于 $\boldsymbol{A}$ 的矩阵多项式.

2.3.3 矩阵的转置

定义 2.5 把一个 $m\times n$ 矩阵 $\boldsymbol{A}=(a_{ij})_{m\times n}$ 的行列依次互换得到一个新的 $n\times m$ 矩阵 $(a_{ij})_{n\times m}$,称为 $\boldsymbol{A}$ 的转置矩阵,记作$\boldsymbol{A}^{\mathrm{T}}$. 即设

$$\boldsymbol{A}=\begin{bmatrix}a_{11} & a_{12} & \cdots & a_{1n}\\ a_{21} & a_{22} & \cdots & a_{2n}\\ \vdots & \vdots & & \vdots\\ a_{m1} & a_{m2} & \cdots & a_{mn}\end{bmatrix},\quad \boldsymbol{A}^{\mathrm{T}}=\begin{bmatrix}a_{11} & a_{21} & \cdots & a_{m1}\\ a_{12} & a_{22} & \cdots & a_{m2}\\ \vdots & \vdots & & \vdots\\ a_{1n} & a_{2n} & \cdots & a_{mn}\end{bmatrix}$$

例如矩阵

$$\boldsymbol{A}=\begin{bmatrix}1 & 2 & 6\\ 3 & -1 & 1\end{bmatrix}$$

的转置矩阵为

$$\boldsymbol{A}^{\mathrm{T}}=\begin{bmatrix}1 & 3\\ 2 & -1\\ 6 & 1\end{bmatrix}$$

矩阵的转置方法与行列式相类似,但是矩阵转置后,行、列数都变了,各元素的位置也变了,所以通常 $\boldsymbol{A}\neq\boldsymbol{A}^{\mathrm{T}}$.

显然,n 阶方阵 $\boldsymbol{A}$ 是对称阵的充分必要条件为 $\boldsymbol{A}=\boldsymbol{A}^{\mathrm{T}}$,$n$ 阶方阵 $\boldsymbol{A}$ 是反对称阵的充分必要条件为 $-\boldsymbol{A}=\boldsymbol{A}^{\mathrm{T}}$.

矩阵的转置运算满足下列运算规律(设下列运算都是可行的):

(1) $(\boldsymbol{A}^{\mathrm{T}})^{\mathrm{T}}=\boldsymbol{A}$;

(2) $(\boldsymbol{A}+\boldsymbol{B})^{\mathrm{T}}=\boldsymbol{A}^{\mathrm{T}}+\boldsymbol{B}^{\mathrm{T}}$;

(3) $(kA)^{\mathrm{T}}=kA^{\mathrm{T}}$;

(4) $(AB)^{\mathrm{T}}=B^{\mathrm{T}}A^{\mathrm{T}}$.

证明 (1),(2),(3) 显然成立,下面证明(4).

设 $A=[a_{ij}]_{m\times s}, B=[b_{ij}]_{s\times n}$,记 $C=[c_{ij}]_{m\times n}$,且 $C=AB$, $B^{\mathrm{T}}A^{\mathrm{T}}=D=[d_{ij}]_{n\times m}$.

由式(6),有 $c_{ji}=\sum_{k=1}^{s}a_{jk}b_{ki}$,而 B^{T} 的第 i 行为 B 的第 i 列的转置,即 $[b_{1i}\ \cdots\ b_{si}]$,A^{T} 的第 j 列为 A 的第 j 行的转置,即 $\begin{bmatrix}a_{j1}\\ \vdots\\ a_{js}\end{bmatrix}$,因此

$$d_{ij}=[b_{1i}\ \cdots\ b_{si}]\begin{bmatrix}a_{j1}\\ \vdots\\ a_{js}\end{bmatrix}=\sum_{k=1}^{s}b_{ki}a_{jk}=\sum_{k=1}^{s}a_{jk}b_{ki}$$

所以 $c_{ji}=d_{ij}(i=1,2,\cdots,n;j=1,2,\cdots,m)$,即 $C^{\mathrm{T}}=D$,亦即

$$(AB)^{\mathrm{T}}=B^{\mathrm{T}}A^{\mathrm{T}}$$

例 2.8 已知 $A=\begin{bmatrix}2&0&-1\\1&1&2\end{bmatrix}$, $B=\begin{bmatrix}1&2&-1\\4&2&3\\2&0&1\end{bmatrix}$,求 $(AB)^{\mathrm{T}}$.

解 方法 1:因为

$$AB=\begin{bmatrix}2&0&-1\\1&1&2\end{bmatrix}\begin{bmatrix}1&2&-1\\4&2&3\\2&0&1\end{bmatrix}=\begin{bmatrix}0&4&-3\\9&4&4\end{bmatrix}$$

所以

$$(AB)^{\mathrm{T}}=\begin{bmatrix}0&9\\4&4\\-3&4\end{bmatrix}$$

方法 2:

$$(AB)^{\mathrm{T}}=B^{\mathrm{T}}A^{\mathrm{T}}=\begin{bmatrix}1&4&2\\2&2&0\\-1&3&1\end{bmatrix}\begin{bmatrix}2&1\\0&1\\-1&2\end{bmatrix}=\begin{bmatrix}0&9\\4&4\\-3&4\end{bmatrix}$$

2.3.4 方阵的行列式

定义 2.6 设 n 阶方阵 $A=\begin{bmatrix}a_{11}&a_{12}&\cdots&a_{1n}\\a_{21}&a_{22}&\cdots&a_{2n}\\ \vdots&\vdots&&\vdots\\a_{n1}&a_{n2}&\cdots&a_{nn}\end{bmatrix}$,将 A 的元素保持其原有的位置不变所构成的行列式

$$\begin{vmatrix} a_{11} & a_{12} & \cdots & a_{1n} \\ a_{21} & a_{22} & \cdots & a_{2n} \\ \vdots & \vdots & & \vdots \\ a_{n1} & a_{n2} & \cdots & a_{nn} \end{vmatrix}$$

称为方阵 $\boldsymbol{A}$ 的行列式，记作 $|\boldsymbol{A}|$ 或 $\det \boldsymbol{A}$.

由 $\boldsymbol{A}$ 确定 $|\boldsymbol{A}|$ 的这个运算满足下述运算规律（设 $\boldsymbol{A},\boldsymbol{B}$ 为 n 阶方阵，λ 为数）：

(1) $|\boldsymbol{A}^{\mathrm{T}}|=|\boldsymbol{A}|$；

(2) $|\lambda \boldsymbol{A}|=\lambda^n|\boldsymbol{A}|$；

(3) $|\boldsymbol{AB}|=|\boldsymbol{BA}|=|\boldsymbol{A}|\cdot|\boldsymbol{B}|$.

利用行列式的性质容易证明(1) 和(2)，(3) 的证明较复杂，省略对它的证明.

注意，由(3) 可知，对于 n 阶方阵 $\boldsymbol{A},\boldsymbol{B}$ 一般 $\boldsymbol{AB}\neq\boldsymbol{BA}$，但总有

$$|\boldsymbol{AB}|=|\boldsymbol{BA}|=|\boldsymbol{A}|\cdot|\boldsymbol{B}|$$

例 2.9　设 $\boldsymbol{A}=\begin{bmatrix}1 & -2\\ 3 & 2\end{bmatrix}$，$\boldsymbol{B}=\begin{bmatrix}1 & -1\\ 1 & 2\end{bmatrix}$，求 $|\boldsymbol{AB}|$，$|6\boldsymbol{A}|$.

解　因为 $|\boldsymbol{A}|=8$，$|\boldsymbol{B}|=3$，所以

$$|\boldsymbol{AB}|=24,\quad |6\boldsymbol{A}|=6^2|\boldsymbol{A}|=288$$

2.4　可逆矩阵

2.4.1　逆矩阵

在数的乘法运算中，当 $ab=ba=1$ 时，称 b 为 a 的倒数或 a 的逆；在矩阵的乘法运算中，单位矩阵 $\boldsymbol{E}$ 相当于数的乘法运算中的 1，那么，对于一个矩阵 $\boldsymbol{A}$ 能否有一个矩阵 $\boldsymbol{B}$，使得 $\boldsymbol{AB}=\boldsymbol{BA}=\boldsymbol{E}$ 呢？就此问题，下面给出逆矩阵的定义，并讨论逆矩阵存在的条件及求逆矩阵的方法.

定义 2.7　设 $\boldsymbol{A}$ 是 n 阶矩阵（方阵），如果存在 n 阶矩阵 $\boldsymbol{B}$，使得 $\boldsymbol{AB}=\boldsymbol{BA}=\boldsymbol{E}$，则称矩阵 $\boldsymbol{A}$ 是可逆的，并称 $\boldsymbol{B}$ 是 $\boldsymbol{A}$ 的逆矩阵. 记 $\boldsymbol{A}$ 的逆矩阵为 $\boldsymbol{A}^{-1}$

$$\boldsymbol{AA}^{-1}=\boldsymbol{A}^{-1}\boldsymbol{A}=\boldsymbol{E}$$

定理 2.1　矩阵 $\boldsymbol{A}$ 可逆时，逆矩阵 $\boldsymbol{B}$ 必唯一.

事实上，若另有一逆矩阵 $\boldsymbol{B}_1$，则由 $\boldsymbol{AB}=\boldsymbol{E}$ 和 $\boldsymbol{B}_1\boldsymbol{A}=\boldsymbol{E}$ 得到 $\boldsymbol{B}_1=\boldsymbol{B}_1\boldsymbol{E}=\boldsymbol{B}_1(\boldsymbol{AB})=(\boldsymbol{B}_1\boldsymbol{A})\boldsymbol{B}=\boldsymbol{EB}=\boldsymbol{B}$. 这样，逆矩阵可以有唯一的记号.

如果三个矩阵 $\boldsymbol{A},\boldsymbol{B},\boldsymbol{C}$ 满足 $\boldsymbol{AB}=\boldsymbol{AC}$，且 $\boldsymbol{A}$ 可逆，那么在等式两边左乘逆矩阵 $\boldsymbol{A}^{-1}$，可得 $\boldsymbol{A}^{-1}\boldsymbol{AB}=\boldsymbol{A}^{-1}\boldsymbol{AC}$，即 $\boldsymbol{EB}=\boldsymbol{EC}$，从而 $\boldsymbol{B}=\boldsymbol{C}$. 这说明利用逆矩阵可以实现“约简”，换言之，矩阵的乘法并非没有消去规则，但消去规则必须通过逆矩阵的乘法来实现，可逆才有消去律. 当然，在等式两边乘逆矩阵时应当注意分清左乘还是右乘.

逆矩阵为求解矩阵方程带来了方便. 比如线性方程组 $\boldsymbol{Ax}=\boldsymbol{b}$ 中，若 $\boldsymbol{A}$ 可逆，则 $\boldsymbol{x}=\boldsymbol{A}^{-1}\boldsymbol{b}$，事先求出逆矩阵 $\boldsymbol{A}^{-1}$，只要做一次乘法，即可求得所有变量的值. 又如矩阵方程 $\boldsymbol{AXB}=\boldsymbol{C}$ 中，若 $\boldsymbol{A},\boldsymbol{B}$ 均可逆，则未知矩阵直接可求：$\boldsymbol{X}=\boldsymbol{A}^{-1}\boldsymbol{CB}^{-1}$.

显然单位阵$\boldsymbol{E}$的逆矩阵是其自身，对角矩阵$\boldsymbol{A}=\begin{bmatrix} a_{11} & 0 & \cdots & 0 \\ 0 & a_{22} & \cdots & 0 \\ \vdots & \vdots & & \vdots \\ 0 & 0 & \cdots & a_{nn} \end{bmatrix}$当$a_{ii}\neq 0(i=1,2,\cdots,n)$时是可逆的，其逆矩阵为

$$\boldsymbol{A}^{-1}=\begin{bmatrix} a_{11}^{-1} & 0 & \cdots & 0 \\ 0 & a_{22}^{-1} & \cdots & 0 \\ \vdots & \vdots & & \vdots \\ 0 & 0 & \cdots & a_{nn}^{-1} \end{bmatrix}$$

2.4.2 矩阵可逆的条件

例 2.10 设有n阶方阵

$$\boldsymbol{A}=\begin{bmatrix} a_{11} & a_{12} & \cdots & a_{1n} \\ a_{21} & a_{22} & \cdots & a_{2n} \\ \vdots & \vdots & & \vdots \\ a_{n1} & a_{n2} & \cdots & a_{nn} \end{bmatrix}$$

它的行列式$|\boldsymbol{A}|$有n^2个代数余子式$A_{ij}(i,j=1,2,\cdots,n)$，将它们按转置排列，得到矩阵

$$\boldsymbol{A}^*=\begin{bmatrix} A_{11} & A_{21} & \cdots & A_{n1} \\ A_{12} & A_{22} & \cdots & A_{n2} \\ \vdots & \vdots & & \vdots \\ A_{1n} & A_{2n} & \cdots & A_{nn} \end{bmatrix}$$

称$\boldsymbol{A}^*$为矩阵$\boldsymbol{A}$的伴随矩阵. 试证$\boldsymbol{A}\boldsymbol{A}^*=\boldsymbol{A}^*\boldsymbol{A}=|\boldsymbol{A}|\boldsymbol{E}$.

证明 利用第1章的定理1.3(代数余子式组合定理)容易验证

$$\boldsymbol{A}\boldsymbol{A}^*=\boldsymbol{A}^*\boldsymbol{A}=\begin{bmatrix} |\boldsymbol{A}| & 0 & \cdots & 0 \\ 0 & |\boldsymbol{A}| & \cdots & 0 \\ \vdots & \vdots & & \vdots \\ 0 & 0 & \cdots & |\boldsymbol{A}| \end{bmatrix}=|\boldsymbol{A}|\boldsymbol{E}$$

如果$|\boldsymbol{A}|\neq 0$，则上式两端除以非零数$|\boldsymbol{A}|$，可得

$$\boldsymbol{A}\left(\frac{1}{|\boldsymbol{A}|}\boldsymbol{A}^*\right)=\left(\frac{1}{|\boldsymbol{A}|}\boldsymbol{A}^*\right)\boldsymbol{A}=\boldsymbol{E}$$

这说明矩阵$\boldsymbol{A}$可逆，并且

$$\boldsymbol{A}^{-1}=\frac{1}{|\boldsymbol{A}|}\boldsymbol{A}^*$$

定理 2.2 方阵$\boldsymbol{A}$可逆的充分必要条件是它的行列式不等于零：$|\boldsymbol{A}|\neq 0$.

证明 例2.10已给出充分性证明，现证必要性. 如果矩阵$\boldsymbol{A}$可逆，则由$\boldsymbol{A}\boldsymbol{A}^{-1}=\boldsymbol{E}$取行列式，得$|\boldsymbol{A}||\boldsymbol{A}^{-1}|=|\boldsymbol{A}\boldsymbol{A}^{-1}|=|\boldsymbol{E}|=1$，因而必有$|\boldsymbol{A}|\neq 0$.

行列式非零的方阵又称为非奇异矩阵. 显然，非奇异矩阵和可逆矩阵是等价的概念. 行列式等于零的矩阵自然称为奇异矩阵. 奇异矩阵即不可逆矩阵有无数多个，这与数量中

唯有数 0 没有倒数大不相同.

例 2.11　判断方阵 $A=\begin{bmatrix}1&2&3\\2&2&1\\3&4&3\end{bmatrix}$ 是否可逆,如果可逆求其逆矩阵.

解　求得 $|A|=2\neq 0$,知 A^{-1} 存在. 再计算

$$A_{11}=2,\quad A_{21}=6,\quad A_{31}=-4$$
$$A_{12}=-3,\quad A_{22}=-6,\quad A_{32}=5$$
$$A_{13}=2,\quad A_{23}=2,\quad A_{33}=-2$$

得

$$A^{*}=\begin{bmatrix}2&6&-4\\-3&-6&5\\2&2&-2\end{bmatrix}$$

所以

$$A^{-1}=\frac{1}{|A|}A^{*}=\begin{bmatrix}1&3&-2\\ \frac{-3}{2}&-3&\frac{5}{2}\\1&1&-1\end{bmatrix}$$

由定理 2.2,可得下述推论:

推论　设 A,B 都是 n 阶矩阵,则 $B=A^{-1}$ 的充分必要条件是 $AB=E$ 或者 $BA=E$.

证明　必要性显然,只证充分性. 若 $AB=E$,取行列式得 $|A||B|=1$,故 $|A|\neq 0$,则根据定理 2.2,A^{-1} 存在. 等式两端左乘 A^{-1},立得 $B=A^{-1}AB=A^{-1}E=A^{-1}$. $BA=E$ 的情况相同,证毕.

由此推论知,判断矩阵 B 是否是矩阵 A 的逆矩阵,不必由定义验证 $AB=BA=E$,只需要验证 $AB=E$ 或 $BA=E$ 是否成立即可.

例 2.12　设 n 阶方阵 A 满足 $A^2=A$,证明 $A+E$ 可逆,并求其逆矩阵.

证明　由 $A^2=A$ 知 $A^2-A-2E=-2E$,利用矩阵的乘法得

$$(A+E)(A-2E)=-2E$$

即有

$$(A+E)\left(E-\frac{1}{2}A\right)=E$$

由推论得 $A+E$ 可逆,且

$$(A+E)^{-1}=\left(E-\frac{1}{2}A\right)$$

方阵的逆阵满足下述运算规律:

(1) 若 A 可逆,则 A^{-1} 也可逆,且 $(A^{-1})^{-1}=A$;

(2) 若 A 可逆,数 $\lambda\neq 0$,则 λA 可逆,且 $(\lambda A)^{-1}=\frac{1}{\lambda}A^{-1}$;

(3) 若 A,B 为同阶方阵且均可逆,则 AB 也可逆,且 $(AB)^{-1}=B^{-1}A^{-1}$;

(4) 若 A 可逆,则 A^{T} 也可逆,且 $(A^{\mathrm{T}})^{-1}=(A^{-1})^{\mathrm{T}}$.

(1) 和 (2) 显然成立,只需证明 (3) 和 (4):

因为$(\boldsymbol{AB})(\boldsymbol{B}^{-1}\boldsymbol{A}^{-1})=\boldsymbol{A}(\boldsymbol{BB}^{-1})\boldsymbol{A}^{-1}=\boldsymbol{AEA}^{-1}=\boldsymbol{AA}^{-1}=\boldsymbol{E}$，故得证，所以(3)成立.

因为$\boldsymbol{A}^{\mathrm{T}}(\boldsymbol{A}^{-1})^{\mathrm{T}}=(\boldsymbol{A}^{-1}\boldsymbol{A})^{\mathrm{T}}=\boldsymbol{E}^{\mathrm{T}}=\boldsymbol{E}$，故得证，由推论知，$(\boldsymbol{A}^{\mathrm{T}})^{-1}=(\boldsymbol{A}^{-1})^{\mathrm{T}}$，所以(4)成立.

例 2.13 设$\boldsymbol{A}=\begin{bmatrix}3&0&1\\1&1&0\\0&1&4\end{bmatrix}$，且满足$\boldsymbol{AX}=\boldsymbol{A}+2\boldsymbol{X}$，求矩阵$\boldsymbol{X}$.

解 由$\boldsymbol{AX}=\boldsymbol{A}+2\boldsymbol{X}$得$(\boldsymbol{A}-2\boldsymbol{E})\boldsymbol{X}=\boldsymbol{A}$，因为

$$|\boldsymbol{A}-2\boldsymbol{E}|=\begin{vmatrix}1&0&1\\1&-1&0\\0&1&2\end{vmatrix}=-1\neq 0$$

故$\boldsymbol{A}-2\boldsymbol{E}$可逆，用伴随矩阵法求得

$$(\boldsymbol{A}-2\boldsymbol{E})^{-1}=\begin{bmatrix}2&-1&-1\\2&-2&-1\\-1&1&1\end{bmatrix}$$

于是

$$\boldsymbol{X}=(\boldsymbol{A}-2\boldsymbol{E})^{-1}\boldsymbol{A}=\begin{bmatrix}2&-1&-1\\2&-2&-1\\-1&1&1\end{bmatrix}\begin{bmatrix}3&0&1\\1&1&0\\0&1&4\end{bmatrix}=\begin{bmatrix}5&-2&-2\\4&-3&-2\\-2&2&3\end{bmatrix}$$

例 2.14 设$\boldsymbol{P}=\begin{bmatrix}1&2\\1&4\end{bmatrix}$，$\boldsymbol{\Lambda}=\begin{bmatrix}1&0\\0&2\end{bmatrix}$，$\boldsymbol{AP}=\boldsymbol{P\Lambda}$，求$\boldsymbol{A}^n$.

解

$$|\boldsymbol{P}|=2,\quad \boldsymbol{P}^{-1}=\frac{1}{2}\begin{bmatrix}4&-2\\-1&1\end{bmatrix}$$

$$\boldsymbol{A}=\boldsymbol{P\Lambda P}^{-1}$$

$$\boldsymbol{A}^2=\boldsymbol{P\Lambda P}^{-1}\boldsymbol{P\Lambda P}^{-1}=\boldsymbol{P\Lambda}^2\boldsymbol{P}^{-1}$$

$$\boldsymbol{A}^n=\boldsymbol{P\Lambda}^n\boldsymbol{P}^{-1}$$

而

$$\boldsymbol{\Lambda}=\begin{bmatrix}1&0\\0&2\end{bmatrix},\quad \boldsymbol{\Lambda}^2=\begin{bmatrix}1&0\\0&2\end{bmatrix}\begin{bmatrix}1&0\\0&2\end{bmatrix}=\begin{bmatrix}1&0\\0&2^2\end{bmatrix},\quad\cdots,\quad \boldsymbol{\Lambda}^n=\begin{bmatrix}1&0\\0&2^n\end{bmatrix}$$

故

$$\boldsymbol{A}^n=\begin{bmatrix}1&2\\1&4\end{bmatrix}\begin{bmatrix}1&0\\0&2^n\end{bmatrix}\frac{1}{2}\begin{bmatrix}4&-2\\-1&1\end{bmatrix}=\frac{1}{2}\begin{bmatrix}1&2^{n+1}\\1&2^{n+2}\end{bmatrix}\begin{bmatrix}4&-2\\-1&1\end{bmatrix}=$$

$$\frac{1}{2}\begin{bmatrix}4-2^{n+1}&2^{n+1}-2\\4-2^{n+2}&2^{n+2}-2\end{bmatrix}=\begin{bmatrix}2-2^n&2^n-1\\2-2^{n+1}&2^{n+1}-1\end{bmatrix}$$

2.5 矩阵的分块

本节介绍处理大矩阵时常用的方法，即矩阵的分块，其基本思想是将大矩阵视为由一

些小矩阵构成的.通过矩阵的分块,可以简化矩阵的运算和表示方法,为研究矩阵带来方便.

将矩阵$\boldsymbol{A}$用若干条横线和纵线分成若干小矩阵,每个小矩阵称为$\boldsymbol{A}$的一个子块,以子块为元素的形式上的矩阵称为分块矩阵.

为了说明矩阵如何分块以及分块矩阵的运算法则,下面看一个例子.

例如,设五阶方阵

$$\boldsymbol{A}=\begin{bmatrix}1&0&0&0&0\\0&1&0&0&0\\0&0&1&1&2\\3&4&5&0&0\\6&7&8&0&0\end{bmatrix}$$

如果用横线、纵线将它分成如下四块,构成一个分块矩阵

$$\boldsymbol{A}=\left[\begin{array}{ccc:cc}1&0&0&0&0\\0&1&0&0&0\\0&0&1&1&2\\\hdashline 3&4&5&0&0\\6&7&8&0&0\end{array}\right]=\begin{bmatrix}\boldsymbol{E}_3&\boldsymbol{A}_1\\\boldsymbol{A}_2&\boldsymbol{O}_2\end{bmatrix}$$

其中$\boldsymbol{E}_3$为三阶单位矩阵;$\boldsymbol{O}_2$为二阶零矩阵;$\boldsymbol{A}_1=\begin{bmatrix}0&0\\0&0\\1&2\end{bmatrix}$;$\boldsymbol{A}_2=\begin{bmatrix}3&4&5\\6&7&8\end{bmatrix}$.

如果用横线、纵线将它分成如下四块,构成另一个分块矩阵

$$\boldsymbol{A}=\left[\begin{array}{ccc:cc}1&0&0&0&0\\0&1&0&0&0\\\hdashline 0&0&1&1&2\\3&4&5&0&0\\6&7&8&0&0\end{array}\right]=\begin{bmatrix}\boldsymbol{B}_1&\boldsymbol{O}_2\\\boldsymbol{B}_3&\boldsymbol{B}_2\end{bmatrix}$$

其中$\boldsymbol{O}_2$为二阶零矩阵

$$\boldsymbol{B}_1=\begin{bmatrix}1&0&0\\0&1&0\end{bmatrix},\quad \boldsymbol{B}_2=\begin{bmatrix}1&2\\0&0\\0&0\end{bmatrix},\quad \boldsymbol{B}_3=\begin{bmatrix}0&0&1\\3&4&5\\6&7&8\end{bmatrix}$$

从上述例子可以看出,给定一个矩阵,由于横线、纵线的取法不同,可以得到不同的分块矩阵,究竟取哪种分块合适,由具体问题的需要而定.

一般地,对于$s\times n$矩阵$\boldsymbol{A}$,如果在行的方向分成p块,在列的方向分成q块,就得到$\boldsymbol{A}$的一个$p\times q$分块矩阵,记作$\boldsymbol{A}=(\boldsymbol{A}_{kl})_{p\times q}$,其中$\boldsymbol{A}_{kl}(k=1,2,\cdots,p;l=1,2,\cdots,q)$称为$\boldsymbol{A}$的子块.

下面介绍分块矩阵的基本运算.

(1) 分块矩阵的加法.

设分块矩阵$\boldsymbol{A}=(\boldsymbol{A}_{kl})_{p\times q}$,$\boldsymbol{B}=(\boldsymbol{B}_{kl})_{p\times q}$,如果$\boldsymbol{A}$与$\boldsymbol{B}$的对应子块$\boldsymbol{A}_{kl}$和$\boldsymbol{B}_{kl}$都是同型矩

阵,则 $\boldsymbol{A}+\boldsymbol{B}=(\boldsymbol{A}_{kl}+\boldsymbol{B}_{kl})_{p\times q}$.

(2) 分块矩阵的数乘.

设分块矩阵 $\boldsymbol{A}=(\boldsymbol{A}_{ij})_{p\times q}$,$k$ 是一个数,则 $k\boldsymbol{A}=(k\boldsymbol{A}_{ij})_{p\times q}$.

(3) 分块矩阵的乘积.

设矩阵 $\boldsymbol{A}=(a_{ik})_{s\times m}$,$\boldsymbol{B}=(a_{kj})_{m\times n}$. 把 $\boldsymbol{A}$ 与 $\boldsymbol{B}$ 分成一些小矩阵

$$\boldsymbol{A}=\begin{matrix} \\ s_1 \\ s_2 \\ \vdots \\ s_t \end{matrix}\begin{matrix} \begin{matrix} n_1 & n_2 & \cdots & n_l \end{matrix} \\ \begin{bmatrix} \boldsymbol{A}_{11} & \boldsymbol{A}_{12} & \cdots & \boldsymbol{A}_{1l} \\ \boldsymbol{A}_{21} & \boldsymbol{A}_{22} & \cdots & \boldsymbol{A}_{2l} \\ \vdots & \vdots & & \vdots \\ \boldsymbol{A}_{t1} & \boldsymbol{A}_{t2} & \cdots & \boldsymbol{A}_{tl} \end{bmatrix} \end{matrix}$$

$$\boldsymbol{B}=\begin{matrix} \\ n_1 \\ n_2 \\ \vdots \\ n_l \end{matrix}\begin{matrix} \begin{matrix} m_1 & m_2 & \cdots & m_r \end{matrix} \\ \begin{bmatrix} \boldsymbol{B}_{11} & \boldsymbol{B}_{12} & \cdots & \boldsymbol{B}_{1r} \\ \boldsymbol{B}_{21} & \boldsymbol{B}_{22} & \cdots & \boldsymbol{B}_{2r} \\ \vdots & \vdots & & \vdots \\ \boldsymbol{B}_{l1} & \boldsymbol{B}_{l2} & \cdots & \boldsymbol{B}_{lr} \end{bmatrix} \end{matrix}$$

其中每个 $\boldsymbol{A}_{ij}$ 是 $\boldsymbol{A}$ 的 $s_i\times n_j$ 子块,每个 $\boldsymbol{B}_{jk}$ 是 $\boldsymbol{B}$ 的 $n_j\times m_k$ 子块. 于是有

$$\boldsymbol{C}=\boldsymbol{AB}=\begin{matrix} \\ s_1 \\ s_2 \\ \vdots \\ s_t \end{matrix}\begin{matrix} \begin{matrix} m_1 & m_2 & \cdots & m_r \end{matrix} \\ \begin{bmatrix} \boldsymbol{C}_{11} & \boldsymbol{C}_{12} & \cdots & \boldsymbol{C}_{1r} \\ \boldsymbol{C}_{21} & \boldsymbol{C}_{22} & \cdots & \boldsymbol{C}_{2r} \\ \vdots & \vdots & & \vdots \\ \boldsymbol{C}_{t1} & \boldsymbol{C}_{t2} & \cdots & \boldsymbol{C}_{tr} \end{bmatrix} \end{matrix}$$

其中 $\boldsymbol{C}_{pq}=\boldsymbol{A}_{p1}\boldsymbol{B}_{1q}+\boldsymbol{A}_{p2}\boldsymbol{B}_{2q}+\cdots+\boldsymbol{A}_{pl}\boldsymbol{B}_{lq}(p=1,2,\cdots,t;q=1,2,\cdots,r)$.

值得注意的是,在进行分块矩阵的乘法运算时,对矩阵 $\boldsymbol{A}$ 的列的分法必须与对矩阵 $\boldsymbol{B}$ 的行的分法一致.

(4) 分块矩阵的转置.

设分块矩阵为

$$\boldsymbol{A}=\begin{bmatrix} \boldsymbol{A}_{11} & \boldsymbol{A}_{12} & \cdots & \boldsymbol{A}_{1l} \\ \boldsymbol{A}_{21} & \boldsymbol{A}_{22} & \cdots & \boldsymbol{A}_{2l} \\ \vdots & \vdots & & \vdots \\ \boldsymbol{A}_{t1} & \boldsymbol{A}_{t2} & \cdots & \boldsymbol{A}_{tl} \end{bmatrix}$$

则 $\boldsymbol{A}$ 的转置矩阵为

$$\boldsymbol{A}^{\mathrm{T}}=\begin{bmatrix} \boldsymbol{A}_{11}^{\mathrm{T}} & \boldsymbol{A}_{21}^{\mathrm{T}} & \cdots & \boldsymbol{A}_{t1}^{\mathrm{T}} \\ \boldsymbol{A}_{12}^{\mathrm{T}} & \boldsymbol{A}_{22}^{\mathrm{T}} & \cdots & \boldsymbol{A}_{t2}^{\mathrm{T}} \\ \vdots & \vdots & & \vdots \\ \boldsymbol{A}_{1l}^{\mathrm{T}} & \boldsymbol{A}_{2l}^{\mathrm{T}} & \cdots & \boldsymbol{A}_{tl}^{\mathrm{T}} \end{bmatrix}$$

一些矩阵常常在分块之后,矩阵间相互的关系看得很清楚. 下面通过一些具体的例子来说明分块矩阵的方便之处.

例 2.15　设三阶矩阵 $\boldsymbol{A},\boldsymbol{B}$ 按列分块为 $\boldsymbol{A}=(\boldsymbol{\alpha}_1,\boldsymbol{\alpha}_2,\boldsymbol{\alpha}_3)$，$\boldsymbol{B}=(-\boldsymbol{\alpha}_1,2\boldsymbol{\alpha}_2,\boldsymbol{\beta})$，且 $|\boldsymbol{A}|=1$，$|\boldsymbol{B}|=-1$，求 $|\boldsymbol{A}-2\boldsymbol{B}|$.

解

$$\begin{aligned}|\boldsymbol{A}-2\boldsymbol{B}| &= |(\boldsymbol{\alpha}_1,\boldsymbol{\alpha}_2,\boldsymbol{\alpha}_3)-2(-\boldsymbol{\alpha}_1,2\boldsymbol{\alpha}_2,\boldsymbol{\beta})| = |(3\boldsymbol{\alpha}_1,-3\boldsymbol{\alpha}_2,\boldsymbol{\alpha}_3-2\boldsymbol{\beta})| = \\ &|(3\boldsymbol{\alpha}_1,-3\boldsymbol{\alpha}_2,\boldsymbol{\alpha}_3)|+|(3\boldsymbol{\alpha}_1,-3\boldsymbol{\alpha}_2,-2\boldsymbol{\beta})| = \\ &-9|(\boldsymbol{\alpha}_1,\boldsymbol{\alpha}_2,\boldsymbol{\alpha}_3)|-9|(-\boldsymbol{\alpha}_1,2\boldsymbol{\alpha}_2,\boldsymbol{\beta})| = \\ &-9|\boldsymbol{A}|-9|\boldsymbol{B}|=0\end{aligned}$$

例 2.16　设 $\boldsymbol{A}=\begin{bmatrix}0&0&1&0\\0&0&0&1\\5&4&0&0\end{bmatrix}$，$\boldsymbol{B}=\begin{bmatrix}1&1\\0&1\\1&0\\-1&1\end{bmatrix}$，求 $\boldsymbol{AB}$.

解　将矩阵 $\boldsymbol{A},\boldsymbol{B}$ 分块为

$$\boldsymbol{A}=\begin{bmatrix}\boldsymbol{A}_{11}&\boldsymbol{A}_{12}\\\boldsymbol{A}_{21}&\boldsymbol{A}_{22}\end{bmatrix}=\left[\begin{array}{cc:cc}0&0&1&0\\0&0&0&1\\\hdashline 5&4&0&0\end{array}\right],\quad \boldsymbol{B}=\begin{bmatrix}\boldsymbol{B}_{11}\\\boldsymbol{B}_{21}\end{bmatrix}=\left[\begin{array}{cc}1&1\\0&1\\\hdashline 1&0\\-1&1\end{array}\right]$$

令

$$\boldsymbol{C}_{11}=\boldsymbol{A}_{11}\boldsymbol{B}_{11}+\boldsymbol{A}_{12}\boldsymbol{B}_{21}=\begin{bmatrix}1&0\\-1&1\end{bmatrix},\quad \boldsymbol{C}_{21}=\boldsymbol{A}_{21}\boldsymbol{B}_{11}+\boldsymbol{A}_{22}\boldsymbol{B}_{21}=\begin{bmatrix}5&9\end{bmatrix}$$

则

$$\boldsymbol{AB}=\begin{bmatrix}\boldsymbol{C}_{11}\\\boldsymbol{C}_{21}\end{bmatrix}=\begin{bmatrix}1&0\\-1&1\\5&9\end{bmatrix}$$

在很多情况下可以用矩阵的分块方法求逆矩阵. 常用的分块求逆有下面几种形式：

(1) 若 $\boldsymbol{A}=\begin{bmatrix}\boldsymbol{B}&\boldsymbol{O}\\\boldsymbol{C}&\boldsymbol{D}\end{bmatrix}$，其中 $\boldsymbol{B},\boldsymbol{D}$ 均为可逆矩阵，则 $\boldsymbol{A}$ 是可逆矩阵，且

$$\boldsymbol{A}^{-1}=\begin{bmatrix}\boldsymbol{B}^{-1}&\boldsymbol{O}\\-\boldsymbol{D}^{-1}\boldsymbol{C}\boldsymbol{B}^{-1}&\boldsymbol{D}^{-1}\end{bmatrix}$$

(2) 设 $\boldsymbol{A}=\begin{bmatrix}\boldsymbol{A}_1&\boldsymbol{O}&\cdots&\boldsymbol{O}\\\boldsymbol{O}&\boldsymbol{A}_2&\cdots&\boldsymbol{O}\\\vdots&\vdots&&\vdots\\\boldsymbol{O}&\boldsymbol{O}&\cdots&\boldsymbol{A}_r\end{bmatrix}$，其中 $\boldsymbol{A}_i(i=1,2,\cdots,r)$ 均为方阵，这种矩阵称为准对角矩阵. 当 $\boldsymbol{A}_i(i=1,2,\cdots,r)$ 均可逆时，$\boldsymbol{A}$ 也可逆，且

$$\boldsymbol{A}^{-1}=\begin{bmatrix}\boldsymbol{A}_1^{-1}&\boldsymbol{O}&\cdots&\boldsymbol{O}\\\boldsymbol{O}&\boldsymbol{A}_2^{-1}&\cdots&\boldsymbol{O}\\\vdots&\vdots&&\vdots\\\boldsymbol{O}&\boldsymbol{O}&\cdots&\boldsymbol{A}_r^{-1}\end{bmatrix}$$

(3) 若 $\boldsymbol{A}=\begin{bmatrix}\boldsymbol{O}&\boldsymbol{B}\\\boldsymbol{C}&\boldsymbol{D}\end{bmatrix}$，其中 $\boldsymbol{B},\boldsymbol{C}$ 均为可逆矩阵，则 $\boldsymbol{A}$ 是可逆矩阵，且

$$A^{-1}=\begin{bmatrix}-C^{-1}DB^{-1} & C^{-1}\\ B^{-1} & O\end{bmatrix}$$

(4) 设$A=\begin{bmatrix}O & \cdots & O & A_1\\ O & \cdots & A_2 & O\\ \vdots & & \vdots & \vdots\\ A_r & \cdots & O & O\end{bmatrix}$,其中$A_i(i=1,2,\cdots,r)$均为方阵.若$A_i(i=1,2,\cdots,r)$均可逆,则$A$可逆,且

$$A^{-1}=\begin{bmatrix}O & \cdots & O & A_r^{-1}\\ O & \cdots & A_{r-1}^{-1} & O\\ \vdots & & \vdots & \vdots\\ A_1^{-1} & \cdots & O & O\end{bmatrix}$$

例 2.17 设$A=\begin{bmatrix}0&1&0\\2&0&0\\0&0&3\end{bmatrix}$,求$A^{-1}$.

解 将矩阵A分块为$A=\left[\begin{array}{cc:c}0&1&0\\2&0&0\\ \hdashline 0&0&3\end{array}\right]$,于是$A^{-1}=\left[\begin{array}{cc:c}0&\frac{1}{2}&0\\1&0&0\\ \hdashline 0&0&\frac{1}{3}\end{array}\right]$.

2.6 矩阵的初等变换

在科学技术与经济管理领域,线性方程组是许多问题的数学模型,因此,线性方程组的求解问题十分重要,本节将研究更一般的线性方程组的求解问题.

2.6.1 矩阵的初等变换

用消元法求解简单线性方程组时,其消元步骤是对方程组施以下列变换:

(1) 对调某两个方程在方程组中的位置;

(2) 以数$k\neq 0$乘某一方程的两端;

(3) 把某一方程的两端乘以数k后加到另一方程的两端.这些变换称为线性方程组的初等变换,由此引出矩阵的初等行变换.

定义 2.8 下面三种变换称为矩阵的初等行变换:

(1) 交换矩阵的第i,j行(列),记作$r_i\leftrightarrow r_j(c_i\leftrightarrow c_j)$;

(2) 用非零常数k去乘矩阵的第i行(列),记作$kr_i(kc_i)$;

(3) 把矩阵的第i行(列)的k倍加到矩阵的第j行(列),记作$r_j+kr_i(c_j+kc_i)$.

矩阵的初等行变换和初等列变换统称为矩阵的初等变换.

设A,B为两个同型矩阵.本节以符号$A\rightarrow B$表示矩阵A经过初等变换化为矩阵B.

如果矩阵A经有限次初等变换变成矩阵B,就称矩阵A与B等价,记作$A\sim B$.显然,

三种初等变换都是可逆的，且其逆变换是同一类型的初等变换：变换 $r_i \leftrightarrow r_j$ 的逆变换就是其本身；变换 $r_i \times k$ 的逆变换为 $r_i \times \frac{1}{k}$（或记作 $r_i \div k$）；变换 $r_i + kr_j$ 的逆变换为 $r_i + (-k)r_j$（或记作 $r_i - kr_j$）.

矩阵的等价关系满足以下三个性质：

(1) 自反性：$\boldsymbol{A} \sim \boldsymbol{A}$；

(2) 对称性：若 $\boldsymbol{A} \sim \boldsymbol{B}$，则 $\boldsymbol{B} \sim \boldsymbol{A}$；

(3) 传递性：若 $\boldsymbol{A} \sim \boldsymbol{B}, \boldsymbol{B} \sim \boldsymbol{C}$，则 $\boldsymbol{A} \sim \boldsymbol{C}$.

利用等价关系可以将矩阵分类，将具有等价关系的矩阵作为一类. 显然，具有等价关系的矩阵所对应的方程组有相同的解. 通过对矩阵施行初等行变化，可以将矩阵化简，例如

$$\begin{bmatrix} 1 & -2 & -1 & 0 & 2 \\ -2 & 4 & 2 & 6 & -6 \\ 2 & -1 & 0 & 2 & 3 \\ 3 & 3 & 3 & 3 & 4 \end{bmatrix} \xrightarrow[r_4 - 3r_1]{\substack{r_2 + 2r_1 \\ r_3 - 2r_1}} \begin{bmatrix} 1 & -2 & -1 & 0 & 2 \\ 0 & 0 & 0 & 6 & -2 \\ 0 & 3 & 2 & 2 & -1 \\ 0 & 9 & 6 & 3 & -2 \end{bmatrix} \xrightarrow[r_3 \leftrightarrow r_4]{r_2 \leftrightarrow r_3}$$

$$\begin{bmatrix} 1 & -2 & -1 & 0 & 2 \\ 0 & 3 & 2 & 2 & -1 \\ 0 & 9 & 6 & 3 & -2 \\ 0 & 0 & 0 & 6 & -2 \end{bmatrix} \xrightarrow{r_3 - 3r_2}$$

$$\begin{bmatrix} 1 & -2 & -1 & 0 & 2 \\ 0 & 3 & 2 & 2 & -1 \\ 0 & 0 & 0 & -3 & 1 \\ 0 & 0 & 0 & 6 & -2 \end{bmatrix} \xrightarrow{r_4 + 2r_3}$$

$$\begin{bmatrix} 1 & -2 & -1 & 0 & 2 \\ 0 & 3 & 2 & 2 & -1 \\ 0 & 0 & 0 & -3 & 1 \\ 0 & 0 & 0 & 0 & 0 \end{bmatrix}$$

上式中最后一个矩阵称为行阶梯形矩阵，它的特点是：可以画出一条阶梯线，每个阶梯只有一行，阶梯线下方的元素全是零，阶梯线的竖线后面的第一个元素非零，阶梯数为非零行的行数.

继续施行行变换，还可以化为更简单的形式：

$$\text{上式} \xrightarrow{\substack{r_2 \div 3 \\ r_3 \div (-3)}} \begin{bmatrix} 1 & -2 & -1 & 0 & 2 \\ 0 & 1 & \frac{2}{3} & \frac{2}{3} & -\frac{1}{3} \\ 0 & 0 & 0 & 1 & -\frac{1}{3} \\ 0 & 0 & 0 & 0 & 0 \end{bmatrix} \xrightarrow[r_1 + 2r_2]{r_2 - \frac{2}{3}r_3}$$

$$\begin{bmatrix} 1 & 0 & \frac{1}{3} & 0 & \frac{16}{9} \\ 0 & 1 & \frac{2}{3} & 0 & -\frac{1}{9} \\ 0 & 0 & 0 & 1 & -\frac{1}{3} \\ 0 & 0 & 0 & 0 & 0 \end{bmatrix}$$

上式中最后一个行阶梯矩阵具有下述特点：非零行向量的第一个元素为1，且含这些元素的列的其他元素都为0. 这个矩阵称为 $\boldsymbol{A}$ 的行最简形矩阵.

矩阵的初等变换是矩阵的一种最基本的运算，它有着广泛的应用，任意一个 $m\times n$ 矩阵 $\boldsymbol{A}$ 经过初等行变换都可化为行阶梯形矩阵及行最简形矩阵.

2.6.2 初等方阵

定义 2.9 由单位阵 $\boldsymbol{E}$ 经过一次初等变换得到的方阵称为初等方阵.

三种初等变换对应着下列三种初等矩阵：

(1) 对调两行(或对调两列).

把单位阵中第 i,j 两行对调($r_i\leftrightarrow r_j$)，得初等方阵

$$\boldsymbol{E}(i,j)=\begin{bmatrix} 1 &&&&&&&&& \\ & \ddots &&&&&&&& \\ && 1 &&&&&&& \\ &&& 0 & \cdots && 1 &&& \\ &&&& 1 &&&&& \\ &&& \vdots && \ddots & \vdots &&& \\ &&&&&& 1 &&& \\ &&& 1 & \cdots && 0 &&& \\ &&&&&&&& 1 & \\ &&&&&&&&& \ddots \\ &&&&&&&&&& 1 \end{bmatrix}\begin{matrix} \\ \\ \\ \longrightarrow \text{第 } i \text{ 行} \\ \\ \\ \\ \longrightarrow \text{第 } j \text{ 行} \\ \\ \\ \\ \end{matrix}$$

(2) 以数 $k\neq 0$ 乘某行(或某列).

以数 $k\neq 0$ 乘单位阵的第 i 行($r_i\times k$)，得初等方阵

$$\boldsymbol{E}(i(k))=\begin{bmatrix} 1 &&&&&& \\ & \ddots &&&&& \\ && 1 &&&& \\ &&& k &&& \\ &&&& 1 && \\ &&&&& \ddots & \\ &&&&&& 1 \end{bmatrix}\begin{matrix} \\ \\ \\ \longrightarrow \text{第 } i \text{ 行} \\ \\ \\ \\ \end{matrix}$$

(3) 以数 k 乘某行(列) 加到另一行(列) 上去.

以 k 乘 $\boldsymbol{E}$ 的第 j 行加到第 i 行上(r_i+kr_j)，得初等方阵

$$E(j(k),i)=\begin{bmatrix}1 & & & & & \\ & \ddots & & & & \\ & & 1 & \cdots & k & \\ & & & \ddots & \vdots & \\ & & & & 1 & \\ & & & & & \ddots \\ & & & & & & 1\end{bmatrix}\begin{matrix} \\ \\ \longrightarrow 第\ i\ 行 \\ \\ \longrightarrow 第\ j\ 行 \\ \\ \\ \end{matrix}$$

用 m 阶初等方阵 $\boldsymbol{E}_m(i,j)$ 左乘矩阵 $\boldsymbol{A}=(a_{ij})_{m\times n}$ 得

$$\boldsymbol{E}_m(i,j)\boldsymbol{A}=\begin{bmatrix}a_{11} & a_{12} & \cdots & a_{1n} \\ \vdots & \vdots & & \vdots \\ a_{j1} & a_{j2} & \cdots & a_{jn} \\ \vdots & \vdots & & \vdots \\ a_{i1} & a_{i2} & \cdots & a_{in} \\ \vdots & \vdots & & \vdots \\ a_{m1} & a_{m2} & \cdots & a_{mn}\end{bmatrix}\begin{matrix} \\ \\ \longrightarrow 第\ i\ 行 \\ \\ \longrightarrow 第\ j\ 行 \\ \\ \\ \end{matrix}$$

其结果相当于对矩阵 $\boldsymbol{A}$ 施行第一种初等行变换:把 $\boldsymbol{A}$ 的第 i 行与第 j 行对调($r_i\leftrightarrow r_j$);类似地可以验证:以 $\boldsymbol{E}_m(i(k))$ 左乘矩阵,其结果相当于以数 k 乘 $\boldsymbol{A}$ 得第 i 行($r_i\times k$);以 $\boldsymbol{E}_m(j(k)),i)$ 左乘矩阵 $\boldsymbol{A}$,其结果相当于把 $\boldsymbol{A}$ 的第 j 行乘 k 加到第 i 行上(r_i+kr_j).

综上所述,可得下述定理.

定理 2.3　设 $\boldsymbol{A}$ 是一个 $m\times n$ 矩阵,对 $\boldsymbol{A}$ 施行一次初等行变换,相当于在 $\boldsymbol{A}$ 的左边乘以相应的 m 阶初等方阵;对 $\boldsymbol{A}$ 施行一次初等列变换,相当于在 $\boldsymbol{A}$ 的右边乘以相应的 n 阶初等方阵.

由此得知,对矩阵 $\boldsymbol{A}$ 进行一系列的初等行变换,等于在 $\boldsymbol{A}$ 的左边乘以若干个初等方阵.

2.6.3　利用初等行变换求逆矩阵

定理 2.4　设 $\boldsymbol{A}$ 为可逆方阵,则可通过行变换将 $\boldsymbol{A}$ 化为单位矩阵.

证明　由于任意一个矩阵 $\boldsymbol{A}$ 经过初等行变换都可化为行最简形矩阵,由定理 2.3 知,存在初等方阵 $\boldsymbol{P}_1,\boldsymbol{P}_2,\cdots,\boldsymbol{P}_l$,使得

$$\boldsymbol{P}_l\cdots\boldsymbol{P}_2\boldsymbol{P}_1\boldsymbol{A}=\boldsymbol{U}$$

其中 $\boldsymbol{U}$ 为 $\boldsymbol{A}$ 的行最简形矩阵.

当 $\boldsymbol{A}$ 为可逆方阵时,注意到初等方阵的可逆性,得 $|\boldsymbol{U}|=|\boldsymbol{P}_l|\cdots|\boldsymbol{P}_2||\boldsymbol{P}_1||\boldsymbol{A}|\neq 0$,即 $\boldsymbol{U}$ 是可逆的,所以 $\boldsymbol{U}$ 是单位矩阵 $\boldsymbol{E}$,即有 $\boldsymbol{P}_l\cdots\boldsymbol{P}_2\boldsymbol{P}_1\boldsymbol{A}=\boldsymbol{E}$. 定理证毕.

由定理 2.4 得

$$\boldsymbol{P}_l\cdots\boldsymbol{P}_2\boldsymbol{P}_1\boldsymbol{E}=\boldsymbol{A}^{-1}$$

$\boldsymbol{P}_l\cdots\boldsymbol{P}_2\boldsymbol{P}_1\boldsymbol{A}=\boldsymbol{E}$ 和 $\boldsymbol{P}_l\cdots\boldsymbol{P}_2\boldsymbol{P}_1\boldsymbol{E}=\boldsymbol{A}^{-1}$ 表明:当一系列初等行变换将矩阵 $\boldsymbol{A}$ 化为单位阵 $\boldsymbol{E}$ 时,经过这同一系列的初等行变换就将单位阵 $\boldsymbol{E}$ 化为了 $\boldsymbol{A}^{-1}$,即

$$\boldsymbol{P}_k\cdots\boldsymbol{P}_2\boldsymbol{P}_1(\boldsymbol{A}\vdots\boldsymbol{E})=(\boldsymbol{E}\vdots\boldsymbol{P}_k\cdots\boldsymbol{P}_2\boldsymbol{P}_1)=(\boldsymbol{E}\vdots\boldsymbol{A}^{-1})$$

$$\begin{bmatrix}A\\E\end{bmatrix}Q_1Q_2\cdots Q_m=\begin{bmatrix}E\\Q_1Q_2\cdots Q_m\end{bmatrix}=\begin{bmatrix}E\\A^{-1}\end{bmatrix}$$

当分块矩阵$\begin{bmatrix}A\\E\end{bmatrix}$经过有限次初等列变换使得 A 化为 E 时，E 就化为了 A^{-1}. 于是得到求逆矩阵的初等行(列)变换法.

例 2.18 求矩阵 $A=\begin{bmatrix}3&-1&0\\-2&1&1\\2&-1&4\end{bmatrix}$ 的逆矩阵.

解

$$(A \vdots E)=\begin{bmatrix}3&-1&0&1&0&0\\-2&1&1&0&1&0\\2&-1&4&0&0&1\end{bmatrix}\xrightarrow[r_3+r_2]{r_1+r_2}\begin{bmatrix}1&0&1&1&1&0\\-2&1&1&0&1&0\\0&0&5&0&1&1\end{bmatrix}\xrightarrow{r_2+2r_1}$$

$$\begin{bmatrix}1&0&1&1&1&0\\0&1&3&2&3&0\\0&0&5&0&1&1\end{bmatrix}\xrightarrow{\frac{1}{5}r_3}\begin{bmatrix}1&0&1&1&1&0\\0&1&3&2&3&0\\0&0&1&0&\frac{1}{5}&\frac{1}{5}\end{bmatrix}\xrightarrow[r_2+(-1)r_3]{r_2+(-3)r_3}$$

$$\begin{bmatrix}1&0&0&1&\frac{4}{5}&-\frac{1}{5}\\0&1&0&2&\frac{12}{5}&-\frac{3}{5}\\0&0&1&0&\frac{1}{5}&\frac{1}{5}\end{bmatrix}$$

所以

$$A^{-1}=\begin{bmatrix}1&\frac{4}{5}&-\frac{1}{5}\\2&\frac{12}{5}&-\frac{3}{5}\\0&\frac{1}{5}&\frac{1}{5}\end{bmatrix}$$

下面介绍用初等变换法求解矩阵方程 $AX=B$.

若 A 可逆，则 $X=A^{-1}B$. 于是可构造分块矩阵 $(A \vdots B)$，并对其进行初等行变换，当将 A 化为 E 时，B 就化为了 $A^{-1}B$.

例 2.19 设矩阵 $A=\begin{bmatrix}3&-1&0\\-2&1&1\\2&-1&4\end{bmatrix}$，$B=\begin{bmatrix}-5&-4\\3&2\\0&0\end{bmatrix}$，用初等变换法解矩阵方程 $AX=B$.

解

$$(A \vdots B)=\begin{bmatrix}3&-1&0&-5&-4\\-2&1&1&3&2\\2&-1&4&0&0\end{bmatrix}\xrightarrow[r_3+r_2]{r_1+r_2}\begin{bmatrix}1&0&1&-2&-2\\-2&1&1&3&2\\0&0&5&3&2\end{bmatrix}\xrightarrow{r_2+2r_1}$$

$$\begin{bmatrix}1&0&1&-2&-2\\0&1&3&-1&-2\\0&0&5&3&2\end{bmatrix}\xrightarrow{\frac{1}{5}r_3}\begin{bmatrix}1&0&1&-2&-2\\0&1&3&-1&-2\\0&0&1&\frac{3}{5}&\frac{2}{5}\end{bmatrix}\xrightarrow[r_2+(-1)r_3]{r_2+(-3)r_3}$$

$$\begin{bmatrix}1&0&0&-\frac{13}{5}&-\frac{12}{5}\\0&1&0&-\frac{14}{5}&-\frac{16}{5}\\0&0&1&\frac{3}{5}&\frac{2}{5}\end{bmatrix}$$

于是

$$\boldsymbol{X}=\boldsymbol{A}^{-1}\boldsymbol{B}=\frac{1}{5}\begin{bmatrix}-13&-12\\-14&-16\\3&2\end{bmatrix}$$

2.7　矩阵的秩

矩阵经过初等行变换可以化为阶梯形矩阵，这个阶梯形矩阵非零行的行数是否唯一呢？它是由什么确定的呢？由此引入矩阵的秩的概念，它是矩阵的一个重要的数字特征，对线性方程组的求解起着重要的作用.

2.7.1　矩阵的秩的概念

定义 2.10　在 $m\times n$ 矩阵 $\boldsymbol{A}$ 中，任取 k 行与 k 列($k\leqslant m,k\leqslant n$)，位于这些行列式交叉处的 k^2 个元素，不改变它们在 $\boldsymbol{A}$ 中所处的位置次序而得到的 k 阶行列式，称为矩阵 $\boldsymbol{A}$ 的 k 阶子式.

$m\times n$ 矩阵 $\boldsymbol{A}$ 的 k 阶子式共有 $C_m^kC_n^k$ 个.

例如，在矩阵 $\boldsymbol{A}=\begin{bmatrix}1&1&3&1\\0&2&-1&4\\0&0&0&5\\0&0&0&0\end{bmatrix}$ 中，选第 1,3 行和第 3,4 列，它们交点上的元素所组成的二阶矩阵 $\begin{bmatrix}3&1\\0&5\end{bmatrix}$ 为 $\boldsymbol{A}$ 的一个二阶子矩阵，行列式 $\begin{vmatrix}3&1\\0&5\end{vmatrix}=15$ 就是 $\boldsymbol{A}$ 的一个二阶子式.

定义 2.11　设在 $m\times n$ 矩阵 $\boldsymbol{A}$ 中有一个不等于零的 r 阶子式 D，且所有 $r+1$ 阶子式(如果有的话)全等于零，则 D 称为矩阵 $\boldsymbol{A}$ 的最高阶非零子式，数 r 称为矩阵 $\boldsymbol{A}$ 的秩，记作 $r(\boldsymbol{A})$. 如果 $\boldsymbol{A}$ 为零矩阵，则称矩阵 $\boldsymbol{A}$ 的秩为零.

由定义可以看出以下性质：

(1) 对任意 $s\times n$ 矩阵 $\boldsymbol{A}$，有 $0\leqslant r(\boldsymbol{A})\leqslant \min\{s,n\}$；

(2) 若 $\boldsymbol{A}_1$ 是 $s\times n$ 矩阵 $\boldsymbol{A}$ 的任一子矩阵，则 $r(\boldsymbol{A}_1)\leqslant r(\boldsymbol{A})$；

(3) 对任意 $s\times n$ 阶矩阵 $\boldsymbol{A}$，有 $r(\boldsymbol{A})=r(\boldsymbol{A}^{\mathrm{T}})$；

(4) 任意 n 阶矩阵 $\boldsymbol{A}$ 可逆当且仅当 $r(\boldsymbol{A})=n$.

定义 2.12 设 $\boldsymbol{A}$ 为 $s\times n$ 阶矩阵，如果 $r(\boldsymbol{A})=s$，则称 $\boldsymbol{A}$ 为行满秩矩阵；如果 $r(\boldsymbol{A})=n$，则称 $\boldsymbol{A}$ 为列满秩矩阵.

例 2.20 求下列矩阵的秩

$$\boldsymbol{A}=\begin{bmatrix}1&2&0&3\\2&4&1&0\\3&6&0&9\end{bmatrix},\quad \boldsymbol{B}=\begin{bmatrix}1&2&3&2\\0&4&4&0\\0&0&1&9\end{bmatrix}$$

解 对于矩阵 $\boldsymbol{A}$，有四个三阶子式分别为

$$\begin{vmatrix}1&2&0\\2&4&1\\3&6&0\end{vmatrix}=0,\quad \begin{vmatrix}1&2&3\\2&4&0\\3&6&9\end{vmatrix}=0,\quad \begin{vmatrix}1&0&3\\2&1&0\\3&0&9\end{vmatrix}=0,\quad \begin{vmatrix}2&0&3\\4&1&0\\6&0&9\end{vmatrix}=0$$

存在二阶子式 $\begin{vmatrix}1&0\\0&9\end{vmatrix}=9\neq0$. 由定义知，$r(\boldsymbol{A})=2$.

对于矩阵 $\boldsymbol{B}$，有三阶子式为 $\begin{vmatrix}1&2&3\\0&4&4\\0&0&1\end{vmatrix}=4\neq0$. 又 $\boldsymbol{B}$ 为 3×4 阶矩阵，由定义知，$r(\boldsymbol{B})=3$.

由此可见，对于阶梯形矩阵，其秩就等于它的非零行数. 然而，对于一般矩阵用定义求秩是不方便的. 因此下面将把一般矩阵的求秩问题转化为阶梯形矩阵的求秩问题.

2.7.2 初等变换求矩阵的秩

在前面的初等变换中提到一个矩阵总可以经过一系列的初等变换化为阶梯形矩阵，因此只要清楚经过一次初等变换得到的矩阵的秩与原矩阵秩之间的关系，矩阵秩的计算就可以得到解决.

定理 2.5 初等变换不改变矩阵的秩.

证明 由于对矩阵做初等列变换就相当于对其转置做初等行变换，因而只需证明，每做一次初等行变换不改变矩阵的秩即可.

由矩阵秩的定义，不难证明第一与第二种初等行变换不改变矩阵的秩，下面仅对第三种初等行变换不改变矩阵的秩做出证明. 设 $\boldsymbol{A}=(a_{ij})_{s\times n}$，$r(\boldsymbol{A})=r$，且

$$\boldsymbol{A}=(a_{ij})_{s\times n}=\begin{pmatrix}\boldsymbol{\alpha}_1\\\vdots\\\boldsymbol{\alpha}_i\\\vdots\\\boldsymbol{\alpha}_j\\\vdots\\\boldsymbol{\alpha}_s\end{pmatrix}\xrightarrow{r_i+kr_j}\boldsymbol{B}=\begin{pmatrix}\boldsymbol{\alpha}_1\\\vdots\\\boldsymbol{\alpha}_i+k\boldsymbol{\alpha}_j\\\vdots\\\boldsymbol{\alpha}_j\\\vdots\\\boldsymbol{\alpha}_s\end{pmatrix}$$

其中，$\boldsymbol{\alpha}_i$ 表示矩阵 $\boldsymbol{A}$ 的第 i 行. 首先证明 $r(\boldsymbol{B})\leqslant r(\boldsymbol{A})$. 为此只需证明矩阵 $\boldsymbol{B}$ 的 $r+1$ 阶子

式 D_{r+1} 全为零即可. D_{r+1} 有三种情形:

(1)D_{r+1} 不含有 B 的第 i 行的元素,则 D_{r+1} 就是 A 的 $r+1$ 阶子式,显然等于零.

(2)D_{r+1} 既含有 B 的第 i 行的元素,又含有 B 的第 j 行的元素,则按照行列式的性质它等于 A 的某一个 $r+1$ 阶子式,也等于零.

(3)D_{r+1} 含有 B 的第 i 行的元素,但是不含有 B 的第 j 行的元素,则按照行列式的性质它等于 A 的某一个 $r+1$ 阶子式与另一个 $r+1$ 阶子式的 d 倍(d 为某一常数)的和,也等于零. 因此 $r(B)\leqslant r(A)$.

其次注意到 $B\xrightarrow{r_i+(-k)r_j}A$,同理可证 $r(A)\leqslant r(B)$. 因此 $r(A)=r(B)$.

由以上讨论可得下面的结论:

(1) 若矩阵 A 与矩阵 B 等价,则 $r(A)=r(B)$.

(2)$r(A)=r(PA)=r(AQ)=r(PAQ)$,其中 P,Q 是可逆矩阵.

(3) 任何矩阵 $A_{s\times n}$ 都存在 s 阶可逆矩阵 P 使得 $PA=\begin{bmatrix}C_r\\O\end{bmatrix}$,其中 $\begin{bmatrix}C_r\\O\end{bmatrix}$ 为阶梯形矩阵且不为零的行数等于 $r(A)$.

(4) 任何矩阵 $A_{s\times n}$ 都等价于标准形 $\begin{bmatrix}E_r & O\\O & O\end{bmatrix}$,其中 $r=r(A)$. 因此矩阵 $A_{s\times n}$ 的标准形是唯一的.

(5)$r(kA)=\begin{cases}r(A) & (k\neq 0)\\0 & (k=0)\end{cases}$.

(6)$r(A)=n$ 当且仅当 $r(A^*)=n$.

下面利用矩阵的初等变换来计算矩阵的秩.

例 2.21　求矩阵

$$A=\begin{bmatrix}2 & 1 & -1\\1 & -1 & 1\\4 & 5 & -5\end{bmatrix},\quad B=\begin{bmatrix}-1 & 5 & 3 & -2\\4 & 1 & -2 & 9\\0 & 3 & 4 & -5\\2 & 0 & -1 & 4\end{bmatrix}$$

的秩.

解　由于

$$A=\begin{bmatrix}2 & 1 & -1\\1 & -1 & 1\\4 & 5 & -5\end{bmatrix}\to\begin{bmatrix}1 & -1 & 1\\2 & 1 & -1\\4 & 5 & -5\end{bmatrix}\to\begin{bmatrix}1 & -1 & 1\\0 & 3 & -3\\0 & 9 & -9\end{bmatrix}\to\begin{bmatrix}1 & -1 & 1\\0 & 1 & -1\\0 & 0 & 0\end{bmatrix}$$

$$B=\begin{bmatrix}-1 & 5 & 3 & -2\\4 & 1 & -2 & 9\\0 & 3 & 4 & -5\\2 & 0 & -1 & 4\end{bmatrix}\to\begin{bmatrix}-1 & 5 & 3 & -2\\0 & 1 & 0 & 1\\0 & 3 & 4 & -5\\2 & 0 & -1 & 4\end{bmatrix}\to\begin{bmatrix}-1 & 5 & 3 & -2\\0 & 1 & 0 & 1\\0 & 3 & 4 & -5\\0 & 10 & 5 & 0\end{bmatrix}\to$$

$$\begin{bmatrix}-1&5&3&-2\\0&1&0&1\\0&0&4&-8\\0&0&5&-10\end{bmatrix}\rightarrow\begin{bmatrix}-1&5&3&-2\\0&1&0&1\\0&0&1&-2\\0&0&0&0\end{bmatrix}$$

因此 $r(\boldsymbol{A})=2, r(\boldsymbol{B})=3$.

最后借助已有的一些知识给出一些有关矩阵秩的性质.

定理 2.6 设 $\boldsymbol{A},\boldsymbol{B}$ 为 $s\times n$ 矩阵,则 $r(\boldsymbol{A}+\boldsymbol{B})\leqslant r(\boldsymbol{A})+r(\boldsymbol{B})$.

证明

$$r(\boldsymbol{A})+r(\boldsymbol{B})=r\begin{bmatrix}\boldsymbol{A}&\boldsymbol{O}\\\boldsymbol{O}&\boldsymbol{B}\end{bmatrix}$$

$$\begin{bmatrix}\boldsymbol{A}&\boldsymbol{O}\\\boldsymbol{O}&\boldsymbol{B}\end{bmatrix}\rightarrow\begin{bmatrix}\boldsymbol{A}&\boldsymbol{B}\\\boldsymbol{O}&\boldsymbol{B}\end{bmatrix}\rightarrow\begin{bmatrix}\boldsymbol{A}+\boldsymbol{B}&\boldsymbol{B}\\\boldsymbol{B}&\boldsymbol{B}\end{bmatrix}$$

于是

$$r(\boldsymbol{A}+\boldsymbol{B})\leqslant r\begin{bmatrix}\boldsymbol{A}+\boldsymbol{B}&\boldsymbol{B}\\\boldsymbol{B}&\boldsymbol{B}\end{bmatrix}=r\begin{bmatrix}\boldsymbol{A}&\boldsymbol{O}\\\boldsymbol{O}&\boldsymbol{B}\end{bmatrix}=r(\boldsymbol{A})+r(\boldsymbol{B})$$

定理 2.7 设 $\boldsymbol{A}$ 为 $s\times m$ 矩阵,$\boldsymbol{B}$ 为 $m\times n$ 矩阵,则 $r(\boldsymbol{AB})\leqslant\min\{r(\boldsymbol{A}),r(\boldsymbol{B})\}$.

证明 由 $(\boldsymbol{A}\quad\boldsymbol{O})\rightarrow(\boldsymbol{A}\quad\boldsymbol{AB})$ 可知

$$r(\boldsymbol{A})=r(\boldsymbol{A}\quad\boldsymbol{O})=r(\boldsymbol{A}\quad\boldsymbol{AB})\geqslant r(\boldsymbol{AB})$$

同理可证 $r(\boldsymbol{B})\geqslant r(\boldsymbol{AB})$. 因此 $r(\boldsymbol{AB})\leqslant\min\{r(\boldsymbol{A}),r(\boldsymbol{B})\}$.

定理 2.8 设 $\boldsymbol{A}$ 为 $s\times m$ 矩阵,$\boldsymbol{B}$ 为 $m\times n$ 矩阵,则

$$r(\boldsymbol{A})+r(\boldsymbol{B})-r(\boldsymbol{AB})\leqslant m$$

证明 由于

$$\begin{bmatrix}\boldsymbol{A}&\boldsymbol{O}\\\boldsymbol{E}&\boldsymbol{B}\end{bmatrix}\rightarrow\begin{bmatrix}\boldsymbol{O}&-\boldsymbol{AB}\\\boldsymbol{E}&\boldsymbol{B}\end{bmatrix}\rightarrow\begin{bmatrix}\boldsymbol{O}&-\boldsymbol{AB}\\\boldsymbol{E}&\boldsymbol{O}\end{bmatrix}\rightarrow\begin{bmatrix}\boldsymbol{E}&\boldsymbol{O}\\\boldsymbol{O}&\boldsymbol{AB}\end{bmatrix}$$

因此

$$r(\boldsymbol{A})+r(\boldsymbol{B})=r\begin{bmatrix}\boldsymbol{A}&\boldsymbol{O}\\\boldsymbol{O}&\boldsymbol{B}\end{bmatrix}\leqslant r\begin{bmatrix}\boldsymbol{A}&\boldsymbol{O}\\\boldsymbol{E}&\boldsymbol{B}\end{bmatrix}=r\begin{bmatrix}\boldsymbol{E}&\boldsymbol{O}\\\boldsymbol{O}&\boldsymbol{AB}\end{bmatrix}=$$

$$r(\boldsymbol{E})+r(\boldsymbol{AB})=m+r(\boldsymbol{AB})$$

所以 $r(\boldsymbol{A})+r(\boldsymbol{B})-r(\boldsymbol{AB})\leqslant m$.

推论 设 $\boldsymbol{A}$ 为 $s\times m$ 矩阵,$\boldsymbol{B}$ 为 $m\times n$ 矩阵且 $\boldsymbol{AB}=\boldsymbol{O}$,则 $r(\boldsymbol{A})+r(\boldsymbol{B})\leqslant m$.

定理 2.9 设 $\boldsymbol{A}$ 为 $s\times m$ 矩阵,$\boldsymbol{B}$ 为 $s\times n$ 矩阵,则

$$\max\{r(\boldsymbol{A}),r(\boldsymbol{B})\}\leqslant r(\boldsymbol{A}\quad\boldsymbol{B})\leqslant r(\boldsymbol{A})+r(\boldsymbol{B})$$

证明 因为 $\boldsymbol{A}$ 和 $\boldsymbol{B}$ 都是 $(\boldsymbol{A}\quad\boldsymbol{B})$ 的子矩阵,所以

$$\max\{r(\boldsymbol{A}),r(\boldsymbol{B})\}\leqslant r(\boldsymbol{A}\quad\boldsymbol{B})$$

又由 $(\boldsymbol{A}\quad\boldsymbol{B})=(\boldsymbol{E}\quad\boldsymbol{E})\begin{bmatrix}\boldsymbol{A}&\boldsymbol{O}\\\boldsymbol{O}&\boldsymbol{B}\end{bmatrix}$ 及定理 2.7 可得

$$r(\boldsymbol{A}\quad\boldsymbol{B})=r\left((\boldsymbol{E}\quad\boldsymbol{E})\begin{bmatrix}\boldsymbol{A}&\boldsymbol{O}\\\boldsymbol{O}&\boldsymbol{B}\end{bmatrix}\right)\leqslant r\begin{bmatrix}\boldsymbol{A}&\boldsymbol{O}\\\boldsymbol{O}&\boldsymbol{B}\end{bmatrix}=r(\boldsymbol{A})+r(\boldsymbol{B})$$

习　题　二

一、选择题

1. 若 $\boldsymbol{A}^2=\boldsymbol{A}$，则下列一定正确的是　（　）

A. $\boldsymbol{A}=\boldsymbol{O}$　　B. $\boldsymbol{A}=\boldsymbol{I}$

C. $\boldsymbol{A}=\boldsymbol{O}$ 或 $\boldsymbol{A}=\boldsymbol{I}$　　D. 以上可能均不成立

2. 设 $\boldsymbol{A},\boldsymbol{B}$ 为 n 阶矩阵，下列命题正确的是　（　）

A. $(\boldsymbol{A}+\boldsymbol{B})^2=\boldsymbol{A}^2+2\boldsymbol{AB}+\boldsymbol{B}^2$　　B. $(\boldsymbol{A}+\boldsymbol{B})(\boldsymbol{A}-\boldsymbol{B})=\boldsymbol{A}^2-\boldsymbol{B}^2$

C. $\boldsymbol{A}^2-\boldsymbol{I}=(\boldsymbol{A}+\boldsymbol{I})(\boldsymbol{A}-\boldsymbol{I})$　　D. $(\boldsymbol{AB})^2=\boldsymbol{A}^2\boldsymbol{B}^2$

3. 设 $\boldsymbol{A}$ 是方阵，若 $\boldsymbol{AB}=\boldsymbol{AC}$，则必有　（　）

A. $\boldsymbol{A}=\boldsymbol{O}$ 时 $\boldsymbol{B}=\boldsymbol{C}$　　B. $\boldsymbol{B}=\boldsymbol{C}$ 时 $\boldsymbol{A}=\boldsymbol{O}$

C. $\boldsymbol{B}=\boldsymbol{C}$ 时 $|\boldsymbol{A}|\neq 0$　　D. $|\boldsymbol{A}|\neq 0$ 时 $\boldsymbol{B}=\boldsymbol{C}$

4. 下列矩阵为初等矩阵的是　（　）

A. $\begin{bmatrix}0&0&1\\0&1&0\\1&0&0\end{bmatrix}$　　B. $\begin{bmatrix}1&0&0\\0&1&2\\0&1&2\end{bmatrix}$

C. $\begin{bmatrix}3&1&2\\1&2&3\\2&3&1\end{bmatrix}$　　D. $\begin{bmatrix}1&0&0\\0&0&0\\0&0&1\end{bmatrix}$

5. 设 $\boldsymbol{A},\boldsymbol{B}$ 为同阶方阵，且 $\boldsymbol{AB}=\boldsymbol{O}$，则必有　（　）

A. $\boldsymbol{A}=\boldsymbol{O}$ 或 $\boldsymbol{B}=\boldsymbol{O}$　　B. $\boldsymbol{A}+\boldsymbol{B}=\boldsymbol{O}$

C. $|\boldsymbol{A}|=0$ 或 $|\boldsymbol{B}|=0$　　D. $|\boldsymbol{A}|+|\boldsymbol{B}|=0$

6. $\boldsymbol{A},\boldsymbol{B}$ 为同阶方阵，则下列式子成立的是　（　）

A. $|\boldsymbol{A}+\boldsymbol{B}|=|\boldsymbol{A}|+|\boldsymbol{B}|$　　B. $\boldsymbol{AB}=\boldsymbol{BA}$

C. $|\boldsymbol{AB}|=|\boldsymbol{BA}|$　　D. $(\boldsymbol{A}+\boldsymbol{B})^{-1}=\boldsymbol{A}^{-1}+\boldsymbol{B}^{-1}$

7. 设 n 阶方阵 $\boldsymbol{A},\boldsymbol{B},\boldsymbol{C}$ 满足关系式 $\boldsymbol{ABC}=\boldsymbol{I}$，则有　（　）

A. $\boldsymbol{ACB}=\boldsymbol{I}$　　B. $\boldsymbol{CBA}=\boldsymbol{I}$

C. $\boldsymbol{BAC}=\boldsymbol{I}$　　D. $\boldsymbol{BCA}=\boldsymbol{I}$

8. 设 $\boldsymbol{A}$ 为 n 阶方阵，且 $|\boldsymbol{A}|=a\neq 0$，则 $|\boldsymbol{A}^*|=$　（　）

A. a　　B. $\dfrac{1}{a}$

C. a^{n-1}　　D. a^n

9. 设 $\boldsymbol{A}=\begin{bmatrix}a_{11}&a_{12}&a_{13}\\a_{21}&a_{22}&a_{23}\\a_{31}&a_{32}&a_{33}\end{bmatrix}$，$\boldsymbol{B}=\begin{bmatrix}a_{11}&a_{12}&a_{13}\\a_{11}+a_{31}&a_{12}+a_{32}&a_{13}+a_{33}\\a_{21}&a_{22}&a_{23}\end{bmatrix}$，$\boldsymbol{C}=\begin{bmatrix}1&0&0\\0&0&1\\0&1&0\end{bmatrix}$，$\boldsymbol{D}=$

$\begin{bmatrix}1&0&0\\0&1&0\\1&0&1\end{bmatrix}$，则必有　　　　　　　　　　　　　　　　　　　　　　　　(　　)

A. $ACD=B$　　　　　　　　　　　　B. $ADC=B$

C. $CDA=B$　　　　　　　　　　　　D. $DCA=B$

二、填空题

1. 设 $A=\begin{bmatrix}1&2\\-1&3\end{bmatrix}$，$B=\begin{bmatrix}3&-2\\2&1\end{bmatrix}$，则 $3A+2B=$________，$AB=$________，$B^{T}=$________.

2. 设矩阵 $A=\begin{bmatrix}-1&5\\1&3\end{bmatrix}$，$B=\begin{bmatrix}3&1\\-2&0\end{bmatrix}$，则 $3A-B=$________，$A^{-1}B=$________.

3. 设 A 为三阶矩阵，且 $|A|=2$，则 $|2A^{*}-A^{-1}|=$________.

4. 设 $A=\begin{bmatrix}1&1&1\\2&2&5\\1&1&t\end{bmatrix}$，且 $r(A)=2$，则 $t=$________.

5. 若 $A=\begin{bmatrix}1&2&3&3\\0&3&-1&2\\0&6&-2&4\\0&0&0&0\end{bmatrix}$ 则 $r(A)=$________.

6. 设矩阵 $A=\begin{bmatrix}1&-1\\2&3\end{bmatrix}$，$B=A^{2}-3A+2I$，则 $B^{-1}=$________.

7. 设 A 是方阵，已知 $A^{2}-2A-2I=O$，则 $(A+I)^{-1}=$________.

8. 设矩阵 A 满足 $A^{2}+A-4I=O$，则 $(A-I)^{-1}=$________.

9. 设 A 是 4×3 矩阵且 $r(A)=2$，$B=\begin{bmatrix}1&0&2\\0&2&0\\-1&0&3\end{bmatrix}$，则 $r(AB)=$________.

10. 设 $A=\begin{bmatrix}1&0&0\\2&2&0\\3&4&5\end{bmatrix}$，则 $(A^{*})^{-1}=$________.

11. 设 $A=\begin{bmatrix}3&0&0\\1&4&0\\0&0&3\end{bmatrix}$，则 $(A-2I)^{-1}=$________.

12. 设 $A=\begin{bmatrix}5&2&0&0\\2&1&0&0\\0&0&1&-2\\0&0&1&1\end{bmatrix}$，则 $A^{-1}=$________.

13. 已知 A 为四阶方阵，且 $|A|=\frac{1}{2}$，则 $|(3A)^{-1}-2A^{*}|=$________.

14. 设 $A=\begin{bmatrix}2 & & \\ & 3 & \\ & & 4\end{bmatrix}$，则 $A^{2}=$________，$A^{n}=$________.

15. 若 $A=\begin{bmatrix}1 & 0 & 0\\ 2 & 3 & 0\\ 4 & 5 & 6\end{bmatrix}$，则 $A^{*}=$________，$A^{-1}=$________.

三、计算及证明题

1. 设 $A=\begin{bmatrix}1 & 3\\ 2 & -1\end{bmatrix}$，$B=\begin{bmatrix}3 & 0\\ 1 & 2\end{bmatrix}$，计算 $2A-3B$，$AB-BA$，$A^{2}+B^{2}$.

2. 设 $A=\begin{bmatrix}3 & 1 & 1\\ 2 & 1 & 2\\ 1 & 2 & 3\end{bmatrix}$，$B=\begin{bmatrix}1 & 1 & -1\\ 2 & -1 & 0\\ 1 & 0 & 1\end{bmatrix}$，计算 $AB-BA$，$(AB)^{\mathrm{T}}$，$A^{\mathrm{T}}B^{\mathrm{T}}$.

3. 计算下列的乘积：

(1) $\begin{bmatrix}3 & -2\\ 0 & 1\\ 2 & 4\\ -1 & 0\end{bmatrix}\begin{bmatrix}2 & 1 & -1\\ 0 & -1 & -2\end{bmatrix}$；　　(2) $\begin{bmatrix}1 & 2 & -1\\ -2 & 1 & 0\\ 1 & 0 & 3\end{bmatrix}\begin{bmatrix}2 & 3\\ 1 & -1\\ 2 & 4\end{bmatrix}$；

(3) $(2\ \ 3\ \ -1)\begin{bmatrix}1\\ -1\\ 1\end{bmatrix}$；　　(4) $\begin{bmatrix}1\\ -1\\ 1\end{bmatrix}(2\ \ 3\ \ -1)$；

(5) $\begin{bmatrix}\lambda_1 & 0 & 0\\ 0 & \lambda_2 & 0\\ 0 & 0 & \lambda_3\end{bmatrix}\begin{bmatrix}a_{11} & a_{12} & a_{13}\\ a_{21} & a_{22} & a_{23}\\ a_{31} & a_{32} & a_{33}\end{bmatrix}$；　　(6) $\begin{bmatrix}a_{11} & a_{12} & a_{13}\\ a_{21} & a_{22} & a_{23}\\ a_{31} & a_{32} & a_{33}\\ a_{41} & a_{42} & a_{43}\end{bmatrix}\begin{bmatrix}\lambda_1 & 0 & 0\\ 0 & \lambda_2 & 0\\ 0 & 0 & \lambda_3\end{bmatrix}$；

(7) $(x_1\ \ x_2\ \ x_3)\begin{bmatrix}a_{11} & a_{12} & a_{13}\\ a_{21} & a_{22} & a_{23}\\ a_{31} & a_{32} & a_{33}\end{bmatrix}\begin{bmatrix}x_1\\ x_2\\ x_3\end{bmatrix}$.

4. 设 A 为一个对角矩阵，即 $A=\begin{bmatrix}\lambda_1 & & & \\ & \lambda_2 & & \\ & & \ddots & \\ & & & \lambda_n\end{bmatrix}$，其中 $\lambda_i\neq\lambda_j\ (i\neq j)$. 证明与 A 可交换的矩阵 B 都是对角矩阵，即证明 $B=(b_{ij})_{n\times n}$ 中 $b_{ij}=0\ (i\neq j)$.

5. 计算下列矩阵的逆矩阵(用公式法)：

(1) $\begin{bmatrix}4 & & \\ & -1 & \\ & & 3\end{bmatrix}$；　　(2) $\begin{bmatrix}1 & 0 & -1\\ -2 & 1 & 3\\ 3 & -1 & 2\end{bmatrix}$.

6. 计算下列矩阵的逆矩阵(用初等变换法):

(1) $A=\begin{bmatrix}2 & 2 & 3\\1 & -1 & 0\\-1 & 2 & 1\end{bmatrix}$;　(2) $A=\begin{bmatrix}1 & 0 & 0 & 0\\1 & 1 & 0 & 0\\1 & -1 & 1 & 0\\1 & -1 & -1 & 1\end{bmatrix}$.

7. 设线性方程组 $\begin{cases}x_1+3x_2+2x_3=1\\15x_1+2x_2=-1\\4x_1+2x_2+x_3=1\end{cases}$,系数矩阵 $A=\begin{bmatrix}1 & 3 & 2\\15 & 2 & 0\\4 & 2 & 1\end{bmatrix}$,

(1) 证明 $A^{-1}=\begin{bmatrix}2 & 1 & -4\\-15 & -7 & 30\\22 & 10 & -43\end{bmatrix}$;

(2) 利用上述结果,解上述线性方程组.

8. 设矩阵方程 $AX=B+X$,其中 $A=\begin{bmatrix}2 & 1 & -1\\0 & 3 & 2\\1 & -1 & 1\end{bmatrix}$,$B=\begin{bmatrix}1 & -1\\1 & 1\\2 & 1\end{bmatrix}$,求矩阵 X.

9. 计算下列矩阵的秩:

(1) $A=\begin{bmatrix}2 & -3 & 8 & 2\\2 & 12 & -2 & 12\\1 & 3 & 1 & 4\end{bmatrix}$;　(2) $A=\begin{bmatrix}3 & 2 & -1 & -3 & -2\\2 & -1 & 3 & 1 & -3\\4 & 5 & -5 & -6 & 1\end{bmatrix}$.

10. (1) 若 n 阶矩阵 A 满足 $A^2+3A+2E=O$,求 A^{-1}.

(2) 若 n 阶矩阵 A 满足 $A^2-2A-4E=O$,试证 $A+E$ 和 $A-3E$ 均可逆,且互逆.

11. 若 n 阶矩阵 A 满足 $A^2=A$,试证 $A=E$ 或者 $|A|=0$.

12. 设 A 为 n 阶矩阵,证明 $A+A^{T}$ 为实对称矩阵,$A-A^{T}$ 为反对称矩阵.

13. 求下列矩阵的逆矩阵(用分块求逆公式):

(1) $A=\begin{bmatrix}1 & 4 & 0 & 0\\4 & 5 & 0 & 0\\0 & 0 & 3 & 4\\0 & 0 & 4 & 5\end{bmatrix}$;　(2) $A=\begin{bmatrix}3 & 1 & 0 & 0\\3 & 2 & 0 & 0\\5 & 7 & 1 & 8\\-1 & -3 & -1 & -6\end{bmatrix}$.

14. 设 $A=\begin{bmatrix}O & A_1\\A_2 & O\end{bmatrix}$,其中 A_1,A_2 均为可逆矩阵,证明矩阵 A 一定可逆,且 $A^{-1}=\begin{bmatrix}O & A_2^{-1}\\A_1^{-1} & O\end{bmatrix}$.

第 3 章 向量组及线性方程组的解

3.1 解线性方程组

关于 n 元一次线性方程组的求解问题，在第 1 章中介绍了克拉默法则. 由克拉默法则可以求解一类特殊的线性方程组——由 n 个方程、n 个未知数组成的线性方程组，且要求方程组的系数行列式不为零. 在本节中，将针对一般形式的线性方程组的求解进行介绍.

3.1.1 n 元一次线性方程组

定义 3.1 设有 n 个未知数、m 个方程的线性方程组

$$\begin{cases} a_{11}x_1 + a_{12}x_2 + \cdots + a_{1n}x_n = b_1 \\ a_{21}x_1 + a_{22}x_2 + \cdots + a_{2n}x_n = b_2 \\ \qquad \vdots \\ a_{m1}x_1 + a_{m2}x_2 + \cdots + a_{mn}x_n = b_m \end{cases} \tag{1}$$

通过矩阵表示式(1)，有矩阵形式

$$\boldsymbol{Ax} = \boldsymbol{b} \tag{2}$$

其中

$$\boldsymbol{A} = \begin{bmatrix} a_{11} & a_{12} & \cdots & a_{1n} \\ a_{21} & a_{22} & \cdots & a_{2n} \\ \vdots & \vdots & & \vdots \\ a_{m1} & a_{m2} & \cdots & a_{mn} \end{bmatrix}, \quad \boldsymbol{x} = \begin{bmatrix} x_1 \\ x_2 \\ \vdots \\ x_n \end{bmatrix}, \quad \boldsymbol{b} = \begin{bmatrix} b_1 \\ b_2 \\ \vdots \\ b_m \end{bmatrix}$$

称矩阵 $\boldsymbol{A}$ 为方程组(1) 的**系数矩阵**；称 $\boldsymbol{b}$ 为方程组(1) 的**常数项矩阵**；将 $\boldsymbol{A}$ 与 $\boldsymbol{b}$ 组合在一起得到新的矩阵

$$[\boldsymbol{A}, \boldsymbol{b}] = \left[\begin{array}{cccc:c} a_{11} & a_{12} & \cdots & a_{1n} & b_1 \\ a_{21} & a_{22} & \cdots & a_{2n} & b_2 \\ \vdots & \vdots & & \vdots & \vdots \\ a_{m1} & a_{m2} & \cdots & a_{mn} & b_m \end{array}\right]$$

称矩阵$[\boldsymbol{A}, \boldsymbol{b}]$ 为方程组(1) 的**增广矩阵**. 当方程组(1) 有解时，称方程组(1) 为**相容的**；反之，称其为**不相容的**.

特别地，当 $\boldsymbol{b}=\boldsymbol{0}$ 时，称方程组(1) 为**齐次线性方程组**，即 $\boldsymbol{Ax}=\boldsymbol{0}$；反之，称方程组(1) 为**非齐次线性方程组**.

例 3.1 试求解非齐次线性方程组

$$\begin{cases}x_1+x_2=3\\x_1-x_2=5\end{cases}$$

解 由高斯消元法有

$$\begin{cases}x_1+x_2=3 & ①\\x_1-x_2=5 & ②\end{cases}\xrightarrow{②-①}\begin{cases}x_1+x_2=3 & ③\\-2x_2=2 & ④\end{cases}\xrightarrow[④\times\left(-\frac{1}{2}\right)]{③+\frac{1}{2}④}\begin{cases}x_1=4 & ⑤\\x_2=-1 & ⑥\end{cases}$$

则有方程组的解为

$$\begin{cases}x_1=4\\x_2=-1\end{cases}$$

利用高斯消元法对方程组进行变换时，真正参与变换的为方程组的系数以及常数项.拿出方程组的增广矩阵

$$\boldsymbol{B}=\begin{bmatrix}1 & 1 & 3\\1 & -1 & 5\end{bmatrix}\xrightarrow{r_2-r_1}\begin{bmatrix}1 & 1 & 3\\0 & -2 & 2\end{bmatrix}\xrightarrow[r_2\times\left(-\frac{1}{2}\right)]{r_1+\frac{1}{2}r_2}\boldsymbol{B}_1=\begin{bmatrix}1 & 0 & 4\\0 & 1 & -1\end{bmatrix}$$

矩阵 $\boldsymbol{B}_1$ 所对应的同解方程组为

$$\begin{cases}x_1=4\\x_2=-1\end{cases}$$

也可以得到原方程组的解，并且求解过程较高斯消元法简便.

通过上面的论述，可将解线性方程组的问题转化为矩阵初等行变换的问题.将方程组的增广矩阵 $\boldsymbol{B}$，通过初等行变换化为行最简形 $\boldsymbol{B}_1$，从而得到与原方程组同解的简化方程组，最后得到方程组的解.

例 3.2 试求解非齐次线性方程组

$$\begin{cases}x_1+x_2+4x_3=4\\-x_1+4x_2+x_3=16\\x_1-x_2+2x_3=-4\end{cases}$$

解 利用矩阵初等行变换求解方程组，列出方程组的增广矩阵

$$\boldsymbol{B}=\begin{bmatrix}1 & 1 & 4 & 4\\-1 & 4 & 1 & 16\\1 & -1 & 2 & -4\end{bmatrix}\xrightarrow[r_3-r_1]{r_2+r_1}\begin{bmatrix}1 & 1 & 4 & 4\\0 & 5 & 5 & 20\\0 & -2 & -2 & -8\end{bmatrix}\xrightarrow[r_3+2r_2]{r_2\times\left(\frac{1}{5}\right)}$$

$$\begin{bmatrix}1 & 1 & 4 & 4\\0 & 1 & 1 & 4\\0 & 0 & 0 & 0\end{bmatrix}\xrightarrow{r_1-r_2}\boldsymbol{B}_1=\begin{bmatrix}1 & 0 & 3 & 0\\0 & 1 & 1 & 4\\0 & 0 & 0 & 0\end{bmatrix}$$

矩阵 $\boldsymbol{B}_1$ 所对应的同解方程组为

$$\begin{cases}x_1+3x_3=0\\x_2+x_3=4\end{cases}$$

取 x_3 为自由未知量 c，则有方程组的解为

$$\begin{cases} x_1 = -3c \\ x_2 = 4 - c \\ x_3 = c \end{cases}$$

即

$$\begin{bmatrix} x_1 \\ x_2 \\ x_3 \end{bmatrix} = \begin{bmatrix} -3c \\ 4-c \\ c \end{bmatrix} = \begin{bmatrix} 0 \\ 4 \\ 0 \end{bmatrix} + c\begin{bmatrix} -3 \\ -1 \\ 1 \end{bmatrix}$$

其中 c 为任意常数.

则可知，方程组有无穷多解.

例 3.3　试求解非齐次线性方程组

$$\begin{cases} -2x_1 + x_2 + x_3 = 1 \\ x_1 - 2x_2 + x_3 = -2 \\ x_1 + x_2 - 2x_3 = 4 \end{cases}$$

解　利用矩阵初等行变换求解方程组，列出方程组的增广矩阵

$$\boldsymbol{B} = \begin{bmatrix} -2 & 1 & 1 & 1 \\ 1 & -2 & 1 & -2 \\ 1 & 1 & -2 & 4 \end{bmatrix} \xrightarrow{r} \begin{bmatrix} 1 & 1 & -2 & 4 \\ 0 & -3 & 3 & -6 \\ 0 & 3 & -3 & 9 \end{bmatrix} \xrightarrow{r}$$

$$\begin{bmatrix} 1 & 1 & -2 & 4 \\ 0 & 1 & -1 & 2 \\ 0 & 0 & 0 & 1 \end{bmatrix} \xrightarrow{r} \boldsymbol{B}_1 = \begin{bmatrix} 1 & 0 & -1 & 0 \\ 0 & 1 & -1 & 0 \\ 0 & 0 & 0 & 1 \end{bmatrix}$$

矩阵 $\boldsymbol{B}_1$ 所对应的同解方程组为

$$\begin{cases} x_1 - x_3 = 0 \\ x_2 - x_3 = 0 \\ 0 = 1 \end{cases}$$

同解方程为矛盾方程，则可知，方程组无解.

3.1.2　n 元一次线性方程组的解

定理 3.1　n 元线性方程组 $\boldsymbol{Ax} = \boldsymbol{b}$，增广矩阵为 $\boldsymbol{B} = [\boldsymbol{A}, \boldsymbol{b}]$，其中

$$\boldsymbol{A} = (\boldsymbol{\alpha}_1, \boldsymbol{\alpha}_2, \cdots, \boldsymbol{\alpha}_n) = \begin{bmatrix} a_{11} & a_{12} & \cdots & a_{1n} \\ a_{21} & a_{22} & \cdots & a_{2n} \\ \vdots & \vdots & & \vdots \\ a_{m1} & a_{m2} & \cdots & a_{mn} \end{bmatrix}, \quad \boldsymbol{x} = \begin{bmatrix} x_1 \\ x_2 \\ \vdots \\ x_n \end{bmatrix}, \quad \boldsymbol{b} = \begin{bmatrix} b_1 \\ b_2 \\ \vdots \\ b_m \end{bmatrix}$$

$$\boldsymbol{B} = \left[\begin{array}{cccc:c} a_{11} & a_{12} & \cdots & a_{1n} & b_1 \\ a_{21} & a_{22} & \cdots & a_{2n} & b_2 \\ \vdots & \vdots & & \vdots & \vdots \\ a_{m1} & a_{m2} & \cdots & a_{mn} & b_m \end{array}\right]$$

则

(1) 线性方程组 $\boldsymbol{Ax}=\boldsymbol{b}$ 无解的充分必要条件为 $R(\boldsymbol{A})<R(\boldsymbol{A},\boldsymbol{b})$；

(2) 线性方程组 $\boldsymbol{Ax}=\boldsymbol{b}$ 有解且唯一的充分必要条件为 $R(\boldsymbol{A})=R(\boldsymbol{A},\boldsymbol{b})=n$；

(3) 线性方程组 $\boldsymbol{Ax}=\boldsymbol{b}$ 有无穷多解的充分必要条件为 $R(\boldsymbol{A})=R(\boldsymbol{A},\boldsymbol{b})<n$.

证明 设 $R(\boldsymbol{A})=r$，则增广矩阵 $\boldsymbol{B}=[\boldsymbol{A},\boldsymbol{b}]$ 经过初等行变换，可转化为行阶梯形如下

$$\boldsymbol{B}\xrightarrow{r}\left[\begin{array}{cccccc:c} c_{11} & c_{12} & \cdots & c_{1r} & \cdots & c_{1n} & d_1 \\ 0 & c_{22} & \cdots & c_{2r} & \cdots & c_{2n} & d_2 \\ \vdots & \vdots & & \vdots & & \vdots & \vdots \\ 0 & 0 & \cdots & c_{rr} & \cdots & c_{rn} & d_r \\ 0 & 0 & \cdots & 0 & \cdots & 0 & d_{r+1} \\ \vdots & \vdots & & \vdots & & & \vdots \\ 0 & 0 & \cdots & 0 & \cdots & 0 & 0 \end{array}\right]=\boldsymbol{C} \tag{3}$$

则线性方程组 $\boldsymbol{Ax}=\boldsymbol{b}$ 与以 $\boldsymbol{C}$ 为增广矩阵的方程组同解.

充分性：显然.

必要性：

(1) 当 $R(\boldsymbol{A})<R(\boldsymbol{A},\boldsymbol{b})$，即 $R(\boldsymbol{A})<R(\boldsymbol{A},\boldsymbol{b})=R(\boldsymbol{C})$ 时，$d_{r+1}\neq 0$，则有矛盾方程，此时方程组 $\boldsymbol{Ax}=\boldsymbol{b}$ 无解.

(2) 当 $R(\boldsymbol{A})=R(\boldsymbol{A},\boldsymbol{b})=n$ 时，即 $R(\boldsymbol{A})=R(\boldsymbol{A},\boldsymbol{b})=R(\boldsymbol{C})=n$，则有

$$\boldsymbol{C}=\left[\begin{array}{cccc:c} c_{11} & c_{12} & \cdots & c_{1n} & d_1 \\ 0 & c_{22} & \cdots & c_{2n} & d_2 \\ \vdots & \vdots & & \vdots & \vdots \\ 0 & 0 & \cdots & c_{nn} & d_n \end{array}\right]\xrightarrow{r}\left[\begin{array}{cccc:c} 1 & 0 & \cdots & 0 & z_1 \\ 0 & 1 & \cdots & 0 & z_2 \\ \vdots & \vdots & & \vdots & \vdots \\ 0 & 0 & \cdots & 1 & z_n \end{array}\right]$$

则有 $z_1,z_2,\cdots,z_n$ 为方程组 $\boldsymbol{Ax}=\boldsymbol{b}$ 的唯一解.

(3) 当 $R(\boldsymbol{A})=R(\boldsymbol{A},\boldsymbol{b})<n$ 时，设 $R(\boldsymbol{A})=R(\boldsymbol{A},\boldsymbol{b})=r<n$，即 $R(\boldsymbol{A})=R(\boldsymbol{A},\boldsymbol{b})=R(\boldsymbol{C})=r<n$，则有

$$\boldsymbol{C}=\left[\begin{array}{cccccc:c} c_{11} & c_{12} & \cdots & c_{1r} & \cdots & c_{1n} & d_1 \\ 0 & c_{22} & \cdots & c_{2r} & \cdots & c_{2n} & d_2 \\ \vdots & \vdots & & & & & \vdots \\ 0 & 0 & \cdots & c_{rr} & \cdots & c_{rn} & d_r \\ 0 & 0 & \cdots & 0 & \cdots & 0 & 0 \\ \vdots & \vdots & & \vdots & & \vdots & \vdots \\ 0 & 0 & \cdots & 0 & \cdots & 0 & 0 \end{array}\right]$$

其中 $x_{r+1},x_{r+2},\cdots,x_n$ 任取一组值，则可唯一确定一组 $x_1,x_2,\cdots,x_n$，即方程组 $\boldsymbol{Ax}=\boldsymbol{b}$ 的一组解，显然方程组 $\boldsymbol{Ax}=\boldsymbol{b}$ 有无穷多解.

证毕.

例 3.4 试求解非齐次线性方程组

$$\begin{cases} x_1 + x_2 - 3x_3 = -1 \\ 2x_1 + x_2 - 2x_3 = 1 \\ x_1 + x_2 + x_3 = 3 \\ x_1 + 2x_2 - 3x_3 = 0 \end{cases} \tag{4}$$

解　依题目有增广矩阵

$$[\boldsymbol{A},\boldsymbol{b}] = \left[\begin{array}{ccc:c} 1 & 1 & -3 & -1 \\ 2 & 1 & -2 & 1 \\ 1 & 1 & 1 & 3 \\ 1 & 2 & -3 & 0 \end{array}\right] \xrightarrow{r} \left[\begin{array}{ccc:c} 1 & 1 & -3 & -1 \\ 0 & -1 & 4 & 3 \\ 0 & 0 & 1 & 1 \\ 0 & 0 & 0 & 0 \end{array}\right] \xrightarrow{r} \left[\begin{array}{ccc:c} 1 & 0 & 0 & 1 \\ 0 & 1 & 0 & 1 \\ 0 & 0 & 1 & 1 \\ 0 & 0 & 0 & 0 \end{array}\right]$$

显然 $R(\boldsymbol{A})=R(\boldsymbol{A},\boldsymbol{b})=3$，线性方程组(4) 有唯一解，得与方程组(4) 同解的方程组

$$\begin{cases} x_1 = 1 \\ x_2 = 1 \\ x_3 = 1 \end{cases} \tag{5}$$

即得方程组(4) 的解为 $x_1=1, x_2=1, x_3=1$.

例 3.5　试求解非齐次线性方程组

$$\begin{cases} x_1 + x_2 - 3x_3 = -1 \\ 2x_1 + x_2 - 2x_3 = 1 \\ 4x_1 + 3x_2 - 8x_3 = -1 \\ 3x_1 + 2x_2 - 5x_3 = 0 \end{cases} \tag{6}$$

解　依题目有增广矩阵

$$[\boldsymbol{A},\boldsymbol{b}] = \left[\begin{array}{ccc:c} 1 & 1 & -3 & -1 \\ 2 & 1 & -2 & 1 \\ 4 & 3 & -8 & -1 \\ 3 & 2 & -5 & 0 \end{array}\right] \xrightarrow{r} \left[\begin{array}{ccc:c} 1 & 1 & -3 & -1 \\ 0 & 1 & -4 & -3 \\ 0 & 0 & 0 & 0 \\ 0 & 0 & 0 & 0 \end{array}\right] \xrightarrow{r} \left[\begin{array}{ccc:c} 1 & 0 & 1 & 2 \\ 0 & 1 & -4 & -3 \\ 0 & 0 & 0 & 0 \\ 0 & 0 & 0 & 0 \end{array}\right]$$

显然 $R(\boldsymbol{A})=R(\boldsymbol{A},\boldsymbol{b})<3$，方程组(6) 有无穷多解，得与方程组(6) 同解的方程组

$$\begin{cases} x_1 + x_3 = 2 \\ x_2 - 4x_3 = -3 \end{cases} \tag{7}$$

取 $x_3=c$，c 为任意常数，即得方程组(6) 的解为 $x_1=2-c, x_2=-3+4c, x_3=c$，进一步整理得

$$\boldsymbol{x} = \begin{bmatrix} 2 \\ -3 \\ 0 \end{bmatrix} + c\begin{bmatrix} -1 \\ 4 \\ 1 \end{bmatrix} \quad (\text{其中 } c \text{ 为任意常数}) \tag{8}$$

一般地，称式(8) 形式的解为方程组的**通解**.

例 3.6　试求解非齐次线性方程组

$$\begin{cases} 2x_1 + x_2 + 8x_3 + 3x_4 = 7 \\ 2x_1 - 3x_2 \qquad\quad + 7x_4 = -5 \\ 3x_1 - 2x_2 + 5x_3 + 8x_4 = 0 \\ x_1 \qquad\quad + 3x_3 + 2x_4 = 0 \end{cases} \tag{9}$$

解 依题目有增广矩阵

$$[\boldsymbol{A},\boldsymbol{b}]=\begin{bmatrix}2&1&8&3&7\\2&-3&0&7&-5\\3&-2&5&8&0\\1&0&3&2&0\end{bmatrix}\xrightarrow{r}\begin{bmatrix}1&0&3&2&0\\0&3&6&-3&5\\0&2&4&-2&0\\0&1&2&-1&7\end{bmatrix}\xrightarrow{r}$$

$$\begin{bmatrix}1&0&3&2&0\\0&1&2&-1&7\\0&0&0&0&14\\0&0&0&0&16\end{bmatrix}\xrightarrow{r}\begin{bmatrix}1&0&3&2&0\\0&1&2&-1&7\\0&0&0&0&1\\0&0&0&0&0\end{bmatrix}$$

显然 $R(\mathbf{A})=2<R(\mathbf{A},\boldsymbol{b})=3$，则方程组(9)无解.

齐次线性方程组恒满足 $R(\mathbf{A})\equiv R(\mathbf{A},\boldsymbol{O})$，则结合定理 3.1 有

定理 3.2 n 元齐次线性方程组 $\mathbf{A}\boldsymbol{x}=\boldsymbol{O}$，则

(1) 线性方程组 $\mathbf{A}\boldsymbol{x}=\boldsymbol{O}$ 只有零解的充分必要条件为 $R(\mathbf{A})=n$；

(2) 线性方程组 $\mathbf{A}\boldsymbol{x}=\boldsymbol{O}$ 有非零解的充分必要条件为 $R(\mathbf{A})<n$.

结合矩阵知识以及定理 3.1，定理 3.2 很容易得到.

例 3.7 试求解齐次线性方程组

$$\begin{cases}x_1+2x_2+x_3-x_4=0\\3x_1+6x_2-x_3-3x_4=0\\5x_1+10x_2+x_3-5x_4=0\\x_1+2x_2\qquad\quad-x_4=0\end{cases}\tag{10}$$

解 依题目有齐次线性方程组系数矩阵

$$\mathbf{A}=\begin{bmatrix}1&2&1&-1\\3&6&-1&-3\\5&10&1&-5\\1&2&0&-1\end{bmatrix}\xrightarrow{r}\begin{bmatrix}1&2&0&-1\\0&0&1&0\\0&0&0&0\\0&0&0&0\end{bmatrix}$$

显然 $R(\mathbf{A})=2<4$，方程组(10)有非零解，得与方程组(10)同解的方程组

$$\begin{cases}x_1+2x_2-x_4=0\\x_3=0\end{cases}\tag{11}$$

取 $x_2=c_1,x_4=c_2,c_1,c_2$ 为任意常数，即得方程组(10)的解为 $x_1=c_2-2c_1,x_2=c_1,x_3=0,x_4=c_2$ 进一步整理得通解为

$$\boldsymbol{x}=c_1\begin{bmatrix}-2\\1\\0\\0\end{bmatrix}+c_2\begin{bmatrix}1\\0\\0\\1\end{bmatrix}\quad(\text{其中 } c_1,c_2 \text{ 为任意常数})\tag{12}$$

例 3.8 试求 λ 为何值时齐次线性方程组

$$\begin{cases}x_1+2x_2-2x_3=0\\3x_1+7x_2-6x_3=0\\4x_1+8x_2+\lambda x_3=0\end{cases}\tag{13}$$

有非零解.

解　方法 1:齐次线性方程组(13) 有非零解的充分必要条件为 $R(\boldsymbol{A}) < 3$

$$\boldsymbol{A}=\begin{bmatrix}1 & 2 & -2\\3 & 7 & -6\\4 & 8 & \lambda\end{bmatrix}\xrightarrow{r}\begin{bmatrix}1 & 0 & 0\\0 & 1 & 0\\0 & 0 & \lambda+8\end{bmatrix}$$

则有当 $\lambda=-8$ 时 $R(\boldsymbol{A})=2<3$,方程组(13) 有非零解.

方法 2:齐次线性方程组(13) 有非零解的充分必要条件为 $R(\boldsymbol{A})<3$,即 $|\boldsymbol{A}|=0$

$$|\boldsymbol{A}|=\begin{vmatrix}1 & 2 & -2\\3 & 7 & -6\\4 & 8 & \lambda\end{vmatrix}=\lambda+8=0$$

则有当 $\lambda=-8$ 时 $|\boldsymbol{A}|=0, R(\boldsymbol{A})<3$,方程组(13) 有非零解.

例 3.9　试求 λ 为何值时线性方程组

$$\begin{cases}x_1+2x_2+x_3=1\\2x_1+3x_2+(\lambda+2)x_3=3\\x_1+\lambda x_2-2x_3=0\end{cases}\tag{14}$$

有唯一解、无解、无穷多解.当方程组有无穷多解时,求其通解.

解　取系数矩阵为

$$\boldsymbol{A}=\begin{bmatrix}1 & 2 & 1\\2 & 3 & \lambda+2\\1 & \lambda & -2\end{bmatrix}$$

有

$$|\boldsymbol{A}|=\begin{vmatrix}1 & 2 & 1\\2 & 3 & \lambda+2\\1 & \lambda & -2\end{vmatrix}=-\lambda^2+2\lambda+3$$

令 $|\boldsymbol{A}|\neq 0$ 得 $\lambda\neq 3$ 或 $\lambda\neq -1$.由克拉默法则有以下结论,当 $\lambda\neq 3$ 或 $\lambda\neq -1$ 时,方程组(14) 有唯一解.

当 $\lambda=-1$ 时,方程组(14) 的增广矩阵为

$$[\boldsymbol{A},\boldsymbol{b}]=\begin{bmatrix}1 & 2 & 1 & 1\\2 & 3 & 1 & 3\\1 & -1 & -2 & 0\end{bmatrix}\xrightarrow{r}\begin{bmatrix}1 & 2 & 1 & 1\\0 & 1 & 1 & -1\\0 & 3 & 3 & 1\end{bmatrix}\xrightarrow{r}\begin{bmatrix}1 & 2 & 1 & 1\\0 & 1 & 1 & -1\\0 & 0 & 0 & 4\end{bmatrix}$$

显然 $R(\boldsymbol{A})=2<R(\boldsymbol{A},\boldsymbol{b})=3$,则方程组无解.

当 $\lambda=3$ 时,方程组(14) 的增广矩阵为

$$[\boldsymbol{A},\boldsymbol{b}]=\begin{bmatrix}1 & 2 & 1 & 1\\2 & 3 & 5 & 3\\1 & 3 & -2 & 0\end{bmatrix}\xrightarrow{r}\begin{bmatrix}1 & 2 & 1 & 1\\0 & -1 & 3 & 1\\0 & 1 & -3 & -1\end{bmatrix}\xrightarrow{r}\begin{bmatrix}1 & 0 & 7 & 3\\0 & 1 & -3 & -1\\0 & 0 & 0 & 0\end{bmatrix}$$

显然 $R(\boldsymbol{A})=2=R(\boldsymbol{A},\boldsymbol{b})$,则方程组有无穷多解,同解方程组为

$$\begin{cases}x_1+7x_3=3\\x_2-3x_3=-1\end{cases}$$

取 $x_3=c$ 为自由未知量，则方程组的通解为

$$\begin{bmatrix}x_1\\x_2\\x_3\end{bmatrix}=\begin{bmatrix}3\\-1\\0\end{bmatrix}+c\begin{bmatrix}-7\\3\\1\end{bmatrix}\quad(\text{其中 } c \text{ 为任意常数})$$

结合定理 3.1 可得到以下定理：

定理 3.3 矩阵方程 $\boldsymbol{AX}=\boldsymbol{B}$ 有解的充分必要条件为 $R(\boldsymbol{A})=R(\boldsymbol{A},\boldsymbol{B})$.

3.2 向量及其线性运算

以往在几何方面所接触的向量为二维向量、三维向量，是由两个元素或三个元素所唯一确定的有大小有方向的量. 在本节中，将针对 n 维向量的定义以及线性运算等相关内容进行介绍.

定义 3.2 由 n 个有序的数 $a_1,a_2,\cdots,a_n$ 所组成的数组

$$(a_1,a_2,\cdots,a_n)\tag{15}$$

或

$$\begin{bmatrix}a_1\\a_2\\\vdots\\a_n\end{bmatrix}\tag{16}$$

称为 ***n* 维向量**. 其中形如式(15) 的向量称为**行向量**，形如式(16) 的向量称为**列向量**；a_i(其中 $i=1,2,\cdots,n$) 称为向量的**第 i 个分量**；当 a_i 属于实数时(其中 $i=1,2,\cdots,n$)，称向量为**实向量**；当 a_i 属于复数时(其中 $i=1,2,\cdots,n$)，称向量为**复向量**；向量所含分量的个数 n 称为向量的**维数**.

一般地，用小写的希腊字母 $\boldsymbol{\alpha},\boldsymbol{\beta},\boldsymbol{\gamma},\boldsymbol{\alpha}_1,\boldsymbol{\alpha}_2,\cdots$ 来表示向量，例如式(15) 和式(16) 可表示为

$$\boldsymbol{\alpha}=(a_1,a_2,\cdots,a_n)\tag{17}$$

和

$$\boldsymbol{\gamma}=\begin{bmatrix}a_1\\a_2\\\vdots\\a_n\end{bmatrix}\tag{18}$$

在本书中所讨论的向量，如无特殊说明，都为实向量.

定义 3.3 对于 n 维行向量(17)，若 $a_i=0$，其中 $i=1,2,\cdots,n$，则称 $\boldsymbol{\alpha}$ 为 ***n* 维零向量**，记作 $\boldsymbol{\alpha}=\boldsymbol{0}$；若 $b_i=-a_i$(其中 $i=1,2,\cdots,n$)，则称 n 维向量 $\boldsymbol{\beta}=(b_1,b_2,\cdots,b_n)$ 为 n 维向量 $\boldsymbol{\alpha}$ 的**负向量**，记作 $\boldsymbol{\beta}=-\boldsymbol{\alpha}$.

从矩阵的角度，式(17) 的行向量也称为一个 $1\times n$ 的矩阵，同样，式(18) 的列向量也称为一个 $n\times 1$ **的矩阵**，结合矩阵运算有以下向量的运算：

(1)(向量相等) 已知 n 维行向量 $\boldsymbol{\alpha}=(a_1,a_2,\cdots,a_n)$ 和同维行向量 $\boldsymbol{\beta}=(b_1,b_2,\cdots,b_n)$，

若有 $b_i=a_i$，其中 $i=1,2,\cdots,n$，则两个向量**相等**，记作 $\boldsymbol{\alpha}=\boldsymbol{\beta}$.

(2)(向量转置) 对于向量(16) 和(17)，有 $\boldsymbol{\alpha}=\boldsymbol{\gamma}^{\mathrm{T}}$ 或 $\boldsymbol{\gamma}=\boldsymbol{\alpha}^{\mathrm{T}}$.

(3)(向量加法) 已知 n 维行向量 $\boldsymbol{\alpha}=(a_1,a_2,\cdots,a_n)$ 和同维行向量 $\boldsymbol{\beta}=(b_1,b_2,\cdots,b_n)$，则有 $\boldsymbol{\alpha}+\boldsymbol{\beta}=(a_1+b_1,a_2+b_2,\cdots,a_n+b_n)$，称为 $\boldsymbol{\alpha}$ 与 $\boldsymbol{\beta}$ **的和**.

显然，结合负向量的定义，有 $\boldsymbol{\alpha}-\boldsymbol{\beta}=(a_1-b_1,a_2-b_2,\cdots,a_n-b_n)$，称为 $\boldsymbol{\alpha}$ 与 $\boldsymbol{\beta}$ **的差**.

(4)(向量数乘) 已知 n 维向量 $\boldsymbol{\alpha}=(a_1,a_2,\cdots,a_n)$，$k\in\mathbf{R}$，则有 $k\boldsymbol{\alpha}=(ka_1,ka_2,\cdots,ka_n)$，称为数 k 与向量 $\boldsymbol{\alpha}$ 的**乘积**.

以上运算同样适用于列向量.

例 3.10　试判断以下向量是否相等

(1) $\boldsymbol{\alpha}=(1,3,-0.5)$，$\boldsymbol{\beta}=\begin{bmatrix}1\\3\\-0.5\end{bmatrix}^{\mathrm{T}}$；

(2) $\boldsymbol{\alpha}=(0,0,0)$，$\boldsymbol{\beta}=(0,0)$.

解　(1) $\boldsymbol{\beta}=\begin{bmatrix}1\\3\\-0.5\end{bmatrix}^{\mathrm{T}}=(1,3,-0.5)=\boldsymbol{\alpha}$，即向量 $\boldsymbol{\alpha}=\boldsymbol{\beta}$；

(2) $\boldsymbol{\alpha}$ 为三维零向量，$\boldsymbol{\beta}$ 为二维零向量，则 $\boldsymbol{\alpha}\neq\boldsymbol{\beta}$.

例 3.11　已知向量 $\boldsymbol{\alpha}=\left(1,2,-\dfrac{1}{2},\dfrac{3}{2}\right)^{\mathrm{T}}$，$\boldsymbol{\beta}=(2,0,1,3)^{\mathrm{T}}$，试求 $\boldsymbol{\alpha}+\boldsymbol{\beta}$，$\boldsymbol{\alpha}-\boldsymbol{\beta}$，$-3\boldsymbol{\alpha}$，$\boldsymbol{\alpha}+5\boldsymbol{\beta}$.

解

$$\boldsymbol{\alpha}+\boldsymbol{\beta}=\begin{bmatrix}1\\2\\-\dfrac{1}{2}\\\dfrac{3}{2}\end{bmatrix}+\begin{bmatrix}2\\0\\1\\3\end{bmatrix}=\begin{bmatrix}1+2\\2+0\\-\dfrac{1}{2}+1\\\dfrac{3}{2}+3\end{bmatrix}=\begin{bmatrix}3\\2\\\dfrac{1}{2}\\\dfrac{9}{2}\end{bmatrix}$$

$$\boldsymbol{\alpha}-\boldsymbol{\beta}=\begin{bmatrix}1\\2\\-\dfrac{1}{2}\\\dfrac{3}{2}\end{bmatrix}-\begin{bmatrix}2\\0\\1\\3\end{bmatrix}=\begin{bmatrix}1-2\\2-0\\-\dfrac{1}{2}-1\\\dfrac{3}{2}-3\end{bmatrix}=\begin{bmatrix}-1\\2\\-\dfrac{3}{2}\\-\dfrac{3}{2}\end{bmatrix}$$

$$-3\boldsymbol{\alpha}=-3\begin{bmatrix}1\\2\\-\dfrac{1}{2}\\\dfrac{3}{2}\end{bmatrix}=\begin{bmatrix}(-3)\times 1\\(-3)\times 2\\(-3)\times\left(-\dfrac{1}{2}\right)\\(-3)\times\dfrac{3}{2}\end{bmatrix}=\begin{bmatrix}-3\\-6\\\dfrac{3}{2}\\-\dfrac{9}{2}\end{bmatrix}$$

$$\boldsymbol{\alpha}+5\boldsymbol{\beta}=\begin{bmatrix}1\\2\\-\frac{1}{2}\\\frac{3}{2}\end{bmatrix}+5\begin{bmatrix}2\\0\\1\\3\end{bmatrix}=\begin{bmatrix}1\\2\\-\frac{1}{2}\\\frac{3}{2}\end{bmatrix}+\begin{bmatrix}10\\0\\5\\15\end{bmatrix}=\begin{bmatrix}1+10\\2+0\\-\frac{1}{2}+5\\\frac{3}{2}+15\end{bmatrix}=\begin{bmatrix}11\\2\\\frac{9}{2}\\\frac{33}{2}\end{bmatrix}$$

向量加法与向量数乘统称为向量的线性运算，满足以下运算规律：

(1)$\boldsymbol{\alpha}+\boldsymbol{\beta}=\boldsymbol{\beta}+\boldsymbol{\alpha}$；

(2)$(\boldsymbol{\alpha}+\boldsymbol{\beta})+\boldsymbol{\gamma}=\boldsymbol{\alpha}+(\boldsymbol{\beta}+\boldsymbol{\gamma})$；

(3)$\boldsymbol{\alpha}+\mathbf{0}=\boldsymbol{\alpha}$；

(4)$\boldsymbol{\alpha}+(-\boldsymbol{\alpha})=\mathbf{0}$；

(5)$1\boldsymbol{\alpha}=\boldsymbol{\alpha}$；

(6)$k\cdot(l\boldsymbol{\alpha})=(kl)\boldsymbol{\alpha}$；

(7)$k(\boldsymbol{\alpha}+\boldsymbol{\beta})=k\boldsymbol{\alpha}+k\boldsymbol{\beta}$；

(8)$(k+l)\boldsymbol{\alpha}=k\boldsymbol{\alpha}+l\boldsymbol{\alpha}$.

其中向量$\boldsymbol{\alpha},\boldsymbol{\beta},\boldsymbol{\gamma}$为同维同型向量，$k,l\in\mathbf{R}$. 特别地，在运算规律(3)(4)中零向量为与向量$\boldsymbol{\alpha}$同维同型的向量.

若干个同维的列向量(或同维的行向量)所组成的集合称为**向量组**. 由向量与矩阵之间关系，结合矩阵分块法，有$m\times n$的矩阵$\boldsymbol{A}_{m\times n}=[a_{ij}]$，其中$i=1,2,\cdots,m,j=1,2,\cdots,n$，则$\boldsymbol{A}$可由$m$个$n$维行向量表示

$$\boldsymbol{A}=\begin{bmatrix}\boldsymbol{\alpha}_1\\\boldsymbol{\alpha}_2\\\vdots\\\boldsymbol{\alpha}_m\end{bmatrix}$$

其中

$$\boldsymbol{\alpha}_i=[a_{i1},a_{i2},\cdots,a_{in}]$$

或由n个m维列向量表示，$\boldsymbol{A}=(\boldsymbol{\beta}_1,\boldsymbol{\beta}_2,\cdots,\boldsymbol{\beta}_n)$，其中$\boldsymbol{\beta}_j=(a_{1j},a_{2j},\cdots,a_{mj})^{\mathrm{T}}$.

称上面两组向量$\boldsymbol{\alpha}_1,\boldsymbol{\alpha}_2,\cdots,\boldsymbol{\alpha}_m$和$\boldsymbol{\beta}_1,\boldsymbol{\beta}_2,\cdots,\boldsymbol{\beta}_n$为矩阵$\boldsymbol{A}$所对应的**行向量组**和**列向量组**，也称矩阵$\boldsymbol{A}$为行向量组$\boldsymbol{\alpha}_1,\boldsymbol{\alpha}_2,\cdots,\boldsymbol{\alpha}_m$或列向量组$\boldsymbol{\beta}_1,\boldsymbol{\beta}_2,\cdots,\boldsymbol{\beta}_n$**构成的矩阵**.

3.3 向量组的线性相关性

以上学习了向量、向量组的相关知识. 在本节中，将针对向量和向量组的关系——线性相关性，向量组和向量组的关系——等价等相关知识进行介绍.

定义 3.4 向量组$\boldsymbol{\alpha}_1,\boldsymbol{\alpha}_2,\cdots,\boldsymbol{\alpha}_m$，若存在一组数$k_1,k_2,\cdots,k_m$，使得

$$\boldsymbol{\alpha}=k_1\boldsymbol{\alpha}_1+k_2\boldsymbol{\alpha}_2+\cdots+k_m\boldsymbol{\alpha}_m \tag{19}$$

成立，则称$k_1\boldsymbol{\alpha}_1+k_2\boldsymbol{\alpha}_2+\cdots+k_m\boldsymbol{\alpha}_m$为向量组$\boldsymbol{\alpha}_1,\boldsymbol{\alpha}_2,\cdots,\boldsymbol{\alpha}_m$的**线性组合**，称$\boldsymbol{\alpha}$可由向量组$\boldsymbol{\alpha}_1,\boldsymbol{\alpha}_2,\cdots,\boldsymbol{\alpha}_m$**线性表示**.

一般地，用大写英文字母 A，B 等来表示一个向量组，如向量组 A：$\boldsymbol{\alpha}_1,\boldsymbol{\alpha}_2,\cdots,\boldsymbol{\alpha}_m$.

例 3.12　试判断向量 $\boldsymbol{\beta}=\begin{bmatrix}0\\1\\8\end{bmatrix}$ 是否能由向量组 A：$\boldsymbol{\alpha}_1=\begin{bmatrix}1\\2\\6\end{bmatrix}$，$\boldsymbol{\alpha}_2=\begin{bmatrix}2\\3\\4\end{bmatrix}$ 线性表示.

解　假设 $\boldsymbol{\beta}$ 可由向量组 A 线性表示，即存在一组 k_1，k_2 使得以下等式成立

$$\boldsymbol{\beta}=k_1\boldsymbol{\alpha}_1+k_2\boldsymbol{\alpha}_2$$

即

$$\begin{bmatrix}0\\1\\8\end{bmatrix}=k_1\begin{bmatrix}1\\2\\6\end{bmatrix}+k_2\begin{bmatrix}2\\3\\4\end{bmatrix}$$

$$\begin{cases}k_1+2k_2=0\\2k_1+3k_2=1\\6k_1+4k_2=8\end{cases}\tag{20}$$

解线性方程组(20)，得 $k_1=2$，$k_2=-1$，则 $\boldsymbol{\beta}$ 可由向量组 A 线性表示，表达式为 $\boldsymbol{\beta}=2\boldsymbol{\alpha}_1-\boldsymbol{\alpha}_2$.

通过例 3.12 可知，向量是否可由向量组线性表示的问题可转化为线性方程组是否有解来讨论，即对式(19) 进行整理，有

$$\boldsymbol{Ak}=\boldsymbol{\alpha}$$

其中

$$\boldsymbol{A}=(\boldsymbol{\alpha}_1,\boldsymbol{\alpha}_2,\cdots,\boldsymbol{\alpha}_m),\quad \boldsymbol{k}=(k_1,k_2,\cdots,k_m)^{\mathrm{T}}$$

则向量 $\boldsymbol{\alpha}$ 可由向量组 A：$\boldsymbol{\alpha}_1,\boldsymbol{\alpha}_2,\cdots,\boldsymbol{\alpha}_m$ 线性表示的问题就转化为线性方程 $\boldsymbol{Ax}=\boldsymbol{\alpha}$ 有解的问题.

定理 3.4　向量 $\boldsymbol{\alpha}$ 可由向量组 $\boldsymbol{\alpha}_1,\boldsymbol{\alpha}_2,\cdots,\boldsymbol{\alpha}_m$ 线性表示的充分必要条件为 $R(\boldsymbol{A})=R(\boldsymbol{A},\boldsymbol{\alpha})$，其中 $\boldsymbol{A}=(\boldsymbol{\alpha}_1,\boldsymbol{\alpha}_2,\cdots,\boldsymbol{\alpha}_m)$.

例 3.13　已知向量组 A：$\boldsymbol{\alpha}_1=\begin{bmatrix}2\\4\\2\end{bmatrix}$，$\boldsymbol{\alpha}_2=\begin{bmatrix}3\\5\\4\end{bmatrix}$，试判断向量 $\boldsymbol{\beta}_1=\begin{bmatrix}1\\3\\0\end{bmatrix}$ 和 $\boldsymbol{\beta}_2=\begin{bmatrix}1\\4\\0\end{bmatrix}$ 是否可由向量组 A 线性表示. 若可以写出线性表达式，若不可以，说明理由.

解　由定理 3.4 有

$$[\boldsymbol{\alpha}_1,\boldsymbol{\alpha}_2,\boldsymbol{\beta}_1]=\left[\begin{array}{cc:c}2&3&1\\4&5&3\\2&4&0\end{array}\right]\xrightarrow{r}\left[\begin{array}{cc:c}1&0&2\\0&1&-1\\0&0&0\end{array}\right]$$

则有 $R(\boldsymbol{\alpha}_1,\boldsymbol{\alpha}_2)=2=R(\boldsymbol{\alpha}_1,\boldsymbol{\alpha}_2,\boldsymbol{\beta}_1)=2$，则 $\boldsymbol{\beta}_1$ 可由向量组 A 线性表示，且表达式为 $\boldsymbol{\beta}_1=2\boldsymbol{\alpha}_1-\boldsymbol{\alpha}_2$.

$$[\boldsymbol{\alpha}_1,\boldsymbol{\alpha}_2,\boldsymbol{\beta}_2]=\left[\begin{array}{cc:c}2&3&1\\4&5&4\\2&4&0\end{array}\right]\xrightarrow{r}\left[\begin{array}{cc:c}2&3&1\\0&-1&2\\0&0&1\end{array}\right]$$

则有 $R(\boldsymbol{\alpha}_1,\boldsymbol{\alpha}_2)=2<R(\boldsymbol{\alpha}_1,\boldsymbol{\alpha}_2,\boldsymbol{\beta}_2)=3$，则 $\boldsymbol{\beta}_2$ 不可由向量组 A 线性表示.

定义 3.5 若向量组 $B:\boldsymbol{\beta}_1,\boldsymbol{\beta}_2,\cdots,\boldsymbol{\beta}_s$ 中任一向量都可由向量组 $A:\boldsymbol{\alpha}_1,\boldsymbol{\alpha}_2,\cdots,\boldsymbol{\alpha}_m$ 线性表示，则称向量组 $B:\boldsymbol{\beta}_1,\boldsymbol{\beta}_2,\cdots,\boldsymbol{\beta}_s$ 可由向量组 $A:\boldsymbol{\alpha}_1,\boldsymbol{\alpha}_2,\cdots,\boldsymbol{\alpha}_m$ **线性表示**；若向量组 $A:\boldsymbol{\alpha}_1,\boldsymbol{\alpha}_2,\cdots,\boldsymbol{\alpha}_m$ 与 $B:\boldsymbol{\beta}_1,\boldsymbol{\beta}_2,\cdots,\boldsymbol{\beta}_s$ 可以互相线性表示，则称向量组 $A:\boldsymbol{\alpha}_1,\boldsymbol{\alpha}_2,\cdots,\boldsymbol{\alpha}_m$ 与向量组 $B:\boldsymbol{\beta}_1,\boldsymbol{\beta}_2,\cdots,\boldsymbol{\beta}_s$ 等价.

结合定理 3.4 可得以下定理.

定理 3.5 向量组 $B:\boldsymbol{\beta}_1,\boldsymbol{\beta}_2,\cdots,\boldsymbol{\beta}_s$ 可由向量组 $A:\boldsymbol{\alpha}_1,\boldsymbol{\alpha}_2,\cdots,\boldsymbol{\alpha}_m$ 线性表示的充分必要条件为 $R(\boldsymbol{A})=R(\boldsymbol{A},\boldsymbol{B})$，其中 $\boldsymbol{A}=(\boldsymbol{\alpha}_1,\boldsymbol{\alpha}_2,\cdots,\boldsymbol{\alpha}_m)$，$\boldsymbol{B}=(\boldsymbol{\beta}_1,\boldsymbol{\beta}_2,\cdots,\boldsymbol{\beta}_s)$.

定理 3.6 向量组 $A:\boldsymbol{\alpha}_1,\boldsymbol{\alpha}_2,\cdots,\boldsymbol{\alpha}_m$ 与向量组 $B:\boldsymbol{\beta}_1,\boldsymbol{\beta}_2,\cdots,\boldsymbol{\beta}_s$ 等价的充分必要条件为 $R(\boldsymbol{A})=R(\boldsymbol{B})=R(\boldsymbol{A},\boldsymbol{B})$，其中 $\boldsymbol{A}=(\boldsymbol{\alpha}_1,\boldsymbol{\alpha}_2,\cdots,\boldsymbol{\alpha}_m)$，$\boldsymbol{B}=(\boldsymbol{\beta}_1,\boldsymbol{\beta}_2,\cdots,\boldsymbol{\beta}_s)$.

例 3.14 已知向量组 $A:\boldsymbol{\alpha}_1=\begin{bmatrix}2\\0\\1\\1\end{bmatrix},\boldsymbol{\alpha}_2=\begin{bmatrix}1\\1\\0\\2\end{bmatrix},\boldsymbol{\alpha}_3=\begin{bmatrix}3\\-1\\2\\0\end{bmatrix}$，和向量组 $B:\boldsymbol{\beta}_1=\begin{bmatrix}3\\1\\1\\3\end{bmatrix}$，$\boldsymbol{\beta}_2=\begin{bmatrix}1\\-1\\1\\-1\end{bmatrix}$，

(1) 试判断向量组 B 能否由向量组 A 线性表示；

(2) 试判断向量组 A 与向量组 B 是否等价.

解 (1) 由定理 3.5 有

$$(\boldsymbol{\alpha}_1,\boldsymbol{\alpha}_2,\boldsymbol{\alpha}_3,\boldsymbol{\beta}_1,\boldsymbol{\beta}_2)=\left[\begin{array}{ccc|cc}2&1&3&3&1\\0&1&-1&1&-1\\1&0&2&1&1\\1&2&0&3&-1\end{array}\right]\xrightarrow{r}\left[\begin{array}{ccc|cc}1&0&2&1&1\\0&1&-1&1&-1\\0&0&0&0&0\\0&0&0&0&0\end{array}\right]$$

则有 $R(\boldsymbol{\alpha}_1,\boldsymbol{\alpha}_2,\boldsymbol{\alpha}_3)=R(\boldsymbol{\alpha}_1,\boldsymbol{\alpha}_2,\boldsymbol{\alpha}_3,\boldsymbol{\beta}_1,\boldsymbol{\beta}_2)=2$，则向量组 B 可由向量组 A 线性表示.

(2) 由定理 3.6 有

$$(\boldsymbol{\beta}_1,\boldsymbol{\beta}_2)\xrightarrow{r}\begin{bmatrix}1&1\\1&-1\\0&0\\0&0\end{bmatrix}\xrightarrow{r}\begin{bmatrix}1&1\\0&-2\\0&0\\0&0\end{bmatrix}$$

则有 $R(\boldsymbol{\alpha}_1,\boldsymbol{\alpha}_2,\boldsymbol{\alpha}_3)=R(\boldsymbol{\beta}_1,\boldsymbol{\beta}_2)=R(\boldsymbol{\alpha}_1,\boldsymbol{\alpha}_2,\boldsymbol{\alpha}_3,\boldsymbol{\beta}_1,\boldsymbol{\beta}_2)=2$，则向量组 A 与向量组 B 等价.

向量组等价的性质：

(1) 反身性：任意向量组都与其自身等价；

(2) 对称性：向量组 A 与向量组 B 等价，则向量组 B 与向量组 A 等价；

(3) 传递性：向量组 A 与向量组 B 等价，且向量组 B 与向量组 C 等价，则向量组 A 与向量组 C 等价.

定义 3.6 向量组 $A:\boldsymbol{\alpha}_1,\boldsymbol{\alpha}_2,\cdots,\boldsymbol{\alpha}_m$，若存在一组不全为零的数 $k_1,k_2,\cdots,k_m$，使得

$$k_1\boldsymbol{\alpha}_1+k_2\boldsymbol{\alpha}_2+\cdots+k_m\boldsymbol{\alpha}_m=\boldsymbol{0} \tag{21}$$

成立，则称向量组 A **线性相关**，反之称向量组 A **线性无关**.

线性相关与线性无关统称为向量组的**线性相关性**.

例 3.15　已知向量组 A：

$$\boldsymbol{\alpha}_1=\begin{bmatrix}1\\2\\3\end{bmatrix},\quad \boldsymbol{\alpha}_2=\begin{bmatrix}2\\3\\4\end{bmatrix},\quad \boldsymbol{\alpha}_3=\begin{bmatrix}0\\1\\1\end{bmatrix}$$

试讨论向量组 A 的线性相关性.

解　设存在一组数 k_1,k_2,k_3 使得

$$k_1\boldsymbol{\alpha}_1+k_2\boldsymbol{\alpha}_2+k_3\boldsymbol{\alpha}_3=\mathbf{0} \tag{22}$$

则有

$$\begin{cases}k_1+2k_2=0\\2k_1+3k_2+k_3=0\\3k_1+4k_2+k_3=0\end{cases}$$

$$\begin{bmatrix}1&2&0\\2&3&1\\3&4&1\end{bmatrix}\to\begin{bmatrix}1&2&0\\0&1&-1\\0&0&-1\end{bmatrix}$$

解得 $k_1=k_2=k_3=0$，即只存在一组全为零的数，使得式(22) 成立，则向量组 A 线性无关.

通过例 3.15 可知，向量组是否线性相关的问题可转化为齐次线性方程组是否有非零解来讨论，即对式(21) 进行整理，有

$$\boldsymbol{A}\boldsymbol{k}=\mathbf{0}$$

其中

$$\boldsymbol{A}=(\boldsymbol{\alpha}_1,\boldsymbol{\alpha}_2,\cdots,\boldsymbol{\alpha}_m),\quad \boldsymbol{k}=(k_1,k_2,\cdots,k_m)^{\mathrm{T}}$$

则向量组 $\boldsymbol{\alpha}_1,\boldsymbol{\alpha}_2,\cdots,\boldsymbol{\alpha}_m$ 线性相关性的问题就转化为线性方程 $\boldsymbol{A}\boldsymbol{x}=\mathbf{0}$ 有非零解或只有零解的问题.

定理 3.7　向量组 A：$\boldsymbol{\alpha}_1,\boldsymbol{\alpha}_2,\cdots,\boldsymbol{\alpha}_m$ 线性相关的充分必要条件为 $R(\boldsymbol{A})<m$，其中 $\boldsymbol{A}=(\boldsymbol{\alpha}_1,\boldsymbol{\alpha}_2,\cdots,\boldsymbol{\alpha}_m)$.

定理 3.8　向量组 A：$\boldsymbol{\alpha}_1,\boldsymbol{\alpha}_2,\cdots,\boldsymbol{\alpha}_m$ 线性无关的充分必要条件为 $R(\boldsymbol{A})=m$，其中 $\boldsymbol{A}=(\boldsymbol{\alpha}_1,\boldsymbol{\alpha}_2,\cdots,\boldsymbol{\alpha}_m)$.

由定理 3.7 知，若向量组 A 是由 m 个 n 维向量组成的，当 $n<m$ 时，向量组 A 必定线性相关.

例 3.16　已知向量组 A：

$$\boldsymbol{\alpha}_1=\begin{bmatrix}1\\2\\3\end{bmatrix},\quad \boldsymbol{\alpha}_2=\begin{bmatrix}2\\4\\6\end{bmatrix}$$

试判断 A 的线性相关性.

解　观察有 $\boldsymbol{\alpha}_2=2\boldsymbol{\alpha}_1$，即 $\boldsymbol{\alpha}_2-2\boldsymbol{\alpha}_1=\mathbf{0}$，则有向量组 A 是线性相关的.

通过例 3.16 可知，含两个向量的向量组，若向量对应元素成比例，则向量组一定线性相关.

例 3.17 已知向量组 A：

$$\boldsymbol{\alpha}_1=\begin{bmatrix}x\\1\\1\end{bmatrix},\quad \boldsymbol{\alpha}_2=\begin{bmatrix}1\\x\\1\end{bmatrix},\quad \boldsymbol{\alpha}_3=\begin{bmatrix}1\\1\\x\end{bmatrix}$$

试求解：(1) 当 x 取何值时向量组 A 线性无关；

(2) 当 x 取何值时向量组 A 线性相关.

解 (1) 由定理 3.8 有向量组 A 线性无关，取 $\boldsymbol{A}=(\boldsymbol{\alpha}_1,\boldsymbol{\alpha}_2,\boldsymbol{\alpha}_3)$，则 $R(\boldsymbol{A})=R(\boldsymbol{\alpha}_1,\boldsymbol{\alpha}_2,\boldsymbol{\alpha}_3)=3$，即 $\boldsymbol{A}$ 为可逆的，即

$$|\boldsymbol{A}|=\begin{vmatrix}x&1&1\\1&x&1\\1&1&x\end{vmatrix}=(x-1)^2(x+2)\neq 0$$

则有当 $x\neq 1$ 且 $x\neq -2$ 时，向量组 A 线性无关.

(2) 则当 $x=1$ 或 $x=-2$ 时，向量组 A 线性相关.

例 3.18 已知向量组 E：$\boldsymbol{\varepsilon}_1,\boldsymbol{\varepsilon}_2,\cdots,\boldsymbol{\varepsilon}_n$，其中 $\boldsymbol{\varepsilon}_1=(1,0,\cdots,0)^{\mathrm{T}}$，$\boldsymbol{\varepsilon}_2=(0,1,\cdots,0)^{\mathrm{T}}$，$\cdots$，$\boldsymbol{\varepsilon}_n=(0,0,\cdots,1)^{\mathrm{T}}$，试判断向量组 E 的线性相关性.

解 由于由向量组 E 所组成的矩阵

$$\boldsymbol{E}=\begin{bmatrix}1&0&\cdots&0\\0&1&\cdots&0\\\vdots&\vdots&&\vdots\\0&0&\cdots&1\end{bmatrix}$$

为单位矩阵，$R(\boldsymbol{E})=n$，则向量组 E 线性无关.

在例 3.18 中的向量组 E：$\boldsymbol{\varepsilon}_1,\boldsymbol{\varepsilon}_2,\cdots,\boldsymbol{\varepsilon}_n$ 称为**单位坐标向量组**，也可由相应行向量组成. 在线性代数中常用大写英文字母 E 来表示这一向量组，用小写希腊字母 $\boldsymbol{\varepsilon}_i$ 来表示其中向量.

例 3.19 已知向量组 A：$\boldsymbol{\alpha}_1,\boldsymbol{\alpha}_2,\cdots,\boldsymbol{\alpha}_m$ 线性无关，向量组 B：$\boldsymbol{\alpha}_1,\boldsymbol{\alpha}_2,\cdots,\boldsymbol{\alpha}_m,\boldsymbol{\beta}$ 线性相关，试证明向量 $\boldsymbol{\beta}$ 可由向量组 A 唯一线性表示.

证明 首先来证明可线性表示：

由向量组 B 线性相关，则存在一组不全为零的数 $k,k_1,k_2,\cdots,k_m$ 使得

$$k\boldsymbol{\beta}+k_1\boldsymbol{\alpha}_1+k_2\boldsymbol{\alpha}_2+\cdots+k_m\boldsymbol{\alpha}_m=\mathbf{0} \tag{23}$$

成立.

又由向量组 A 线性无关，则有 $k\neq 0$（若 $k=0$ 则说明存在一组不全为零的数 k_1，$k_2,\cdots,k_m$ 使得 $k_1\boldsymbol{\alpha}_1+k_2\boldsymbol{\alpha}_2+\cdots+k_m\boldsymbol{\alpha}_m=\mathbf{0}$ 成立，与向量组 A 线性无关矛盾），则有

$$\boldsymbol{\beta}=-\frac{k_1}{k}\boldsymbol{\alpha}_1-\frac{k_2}{k}\boldsymbol{\alpha}_2-\cdots-\frac{k_m}{k}\boldsymbol{\alpha}_m \tag{24}$$

即向量 $\boldsymbol{\beta}$ 可由向量组 A：$\boldsymbol{\alpha}_1,\boldsymbol{\alpha}_2,\cdots,\boldsymbol{\alpha}_m$ 线性表示.

接下来证明表达式唯一：

设存在两组数 $k_1,k_2,\cdots,k_m$ 和 $l_1,l_2,\cdots,l_m$ 使得

$$\boldsymbol{\beta}=k_1\boldsymbol{\alpha}_1+k_2\boldsymbol{\alpha}_2+\cdots+k_m\boldsymbol{\alpha}_m \tag{25}$$

$$\boldsymbol{\beta}=l_1\boldsymbol{\alpha}_1+l_2\boldsymbol{\alpha}_2+\cdots+l_m\boldsymbol{\alpha}_m \tag{26}$$

式(25) 减式(26) 有

$$(k_1-l_1)\boldsymbol{\alpha}_1+(k_2-l_2)\boldsymbol{\alpha}_2+\cdots+(k_m-l_m)\boldsymbol{\alpha}_m=\mathbf{0} \tag{27}$$

由向量组 A 线性无关有 $k_i-l_i=0$，即 $k_i=l_i$，其中 $i=1,2,\cdots,m$，即表达式唯一得证.

综上得证.

表达式唯一，同样可以通过证明 $\boldsymbol{Ax}=\boldsymbol{\beta}$ 有唯一解来证明，读者可自行练习.

性质 3.1　若向量组 $\boldsymbol{\alpha}_1,\boldsymbol{\alpha}_2,\cdots,\boldsymbol{\alpha}_m$ 线性相关，则向量组 $\boldsymbol{\alpha}_1,\boldsymbol{\alpha}_2,\cdots,\boldsymbol{\alpha}_m,\boldsymbol{\alpha}_{m+1},\cdots,\boldsymbol{\alpha}_{m+s}$ 必线性相关.

性质 3.2　若向量组 $\boldsymbol{\alpha}_1,\boldsymbol{\alpha}_2,\cdots,\boldsymbol{\alpha}_m$ 线性无关，则从中取出任意个向量，组成的新的向量组必线性无关.

性质 3.3　向量组 A：$\boldsymbol{\alpha}_1,\boldsymbol{\alpha}_2,\cdots,\boldsymbol{\alpha}_m$ 与向量组 B：$\boldsymbol{\beta}_1,\boldsymbol{\beta}_2,\cdots,\boldsymbol{\beta}_m$，其中，$\boldsymbol{\alpha}_i=(a_{1i},a_{2i},\cdots,a_{ni})^{\mathrm{T}}$，$\boldsymbol{\beta}_i=(a_{1i},a_{2i},\cdots,a_{ni},a_{(n+1),i},\cdots,a_{(n+s),i})^{\mathrm{T}}$，$i=1,2,\cdots,m$. 若向量组 A 线性无关，则向量组 B 必线性无关.

3.4　向量组的秩

对于线性无关的向量组，其中所含的任一子集都是线性无关的. 对于线性相关的向量组，其中至少含有一个子集是线性无关的，而这些线性无关的向量组中含向量最多的那一个就称为原向量组的最大线性无关组. 最大线性无关组所含的向量个数就称为原向量组的秩. 在本节中，将主要针对向量组的秩进行介绍.

定义 3.7　向量组 A，取 A 中 r 个向量组成向量组 A_0：$\boldsymbol{\alpha}_1,\boldsymbol{\alpha}_2,\cdots,\boldsymbol{\alpha}_r$，若向量组 A 与 A_0 满足以下两个条件：

(1) 向量组 A_0 线性无关；

(2) 向量组 A 中任一向量都可由向量组 A_0 线性表示.

则称向量组 A_0 为向量组 A 的一组**最大线性无关组**，简称**最大无关组**；称 A_0 所含向量的个数 r 为向量组 A 的**秩**，记作 $R_A=r$.

显然，只含有零向量的向量组的秩为零.

例 3.20　向量组 A：$\boldsymbol{\alpha}_1=(1,1,1)^{\mathrm{T}}$，$\boldsymbol{\alpha}_2=(1,0,1)^{\mathrm{T}}$，$\boldsymbol{\alpha}_3=(0,1,0)^{\mathrm{T}}$，试求向量组 A 的一组最大无关组以及向量组 A 的秩.

解　由题目有

$$\boldsymbol{\alpha}_1=\boldsymbol{\alpha}_2+\boldsymbol{\alpha}_3 \tag{28}$$

即 $\boldsymbol{\alpha}_1$ 可由向量 $\boldsymbol{\alpha}_2$ 与 $\boldsymbol{\alpha}_3$ 线性表示，且 $\boldsymbol{\alpha}_2$ 与 $\boldsymbol{\alpha}_3$ 线性无关，则 $\boldsymbol{\alpha}_2,\boldsymbol{\alpha}_3$ 为向量组 A 的一组最大无关组，且 $R_A=2$.

显然由式(28) 得 $\boldsymbol{\alpha}_2=\boldsymbol{\alpha}_1-\boldsymbol{\alpha}_3$，且 $\boldsymbol{\alpha}_1$ 与 $\boldsymbol{\alpha}_3$ 线性无关，则 $\boldsymbol{\alpha}_1,\boldsymbol{\alpha}_3$ 也是向量组 A 的一组最大无关组. 则一个向量组的最大无关组不唯一，但秩是唯一的.

定理 3.9　向量组 A：$\boldsymbol{\alpha}_1,\boldsymbol{\alpha}_2,\cdots,\boldsymbol{\alpha}_m$，则有 $R(\boldsymbol{A})=R_A$，其中 $\boldsymbol{A}$ 为由向量组 A 组成的矩阵. 即向量组的秩等于由向量组所组成的矩阵的秩.

证明　设向量组 A 为列向量组，

当向量组 A 为线性无关的向量组时，则有 $R(\boldsymbol{A})=m=R_A$；

当向量组 A 为线性相关的向量组时，设 $R_A=r<m$，且其最大线性无关组为 A_0：$\boldsymbol{\alpha}_1$，$\boldsymbol{\alpha}_2,\cdots,\boldsymbol{\alpha}_r$，则向量组 A 中任一向量都可由向量组 A_0 线性表示，即 $R(\boldsymbol{A}_0)=R(\boldsymbol{A})$，其中 $\boldsymbol{A}_0=(\boldsymbol{\alpha}_1,\boldsymbol{\alpha}_2,\cdots,\boldsymbol{\alpha}_r)$，$\boldsymbol{A}=(\boldsymbol{\alpha}_1,\boldsymbol{\alpha}_2,\cdots,\boldsymbol{\alpha}_m)$，由于 A_0 线性无关，则 $R(\boldsymbol{A}_0)=r=R_A=R(\boldsymbol{A})$.

向量组为行向量组时同样可以得到以上结论，综上定理得证.

由定理 3.9 可知，求解向量组秩的问题可以转化为求解矩阵秩的问题.

例 3.21 已知向量组 A：

$$\boldsymbol{\alpha}_1=\begin{bmatrix}1\\2\\6\end{bmatrix},\quad \boldsymbol{\alpha}_2=\begin{bmatrix}2\\3\\4\end{bmatrix},\quad \boldsymbol{\alpha}_3=\begin{bmatrix}0\\1\\8\end{bmatrix}$$

试求向量组 A 的秩以及向量组 A 的一组最大无关组.

解 由题目有

$$\boldsymbol{A}=(\boldsymbol{\alpha}_1,\boldsymbol{\alpha}_2,\boldsymbol{\alpha}_3)=\begin{bmatrix}1&2&0\\2&3&1\\6&4&8\end{bmatrix}$$

对矩阵 $\boldsymbol{A}$ 进行初等行变换

$$\begin{bmatrix}1&2&0\\2&3&1\\6&4&8\end{bmatrix}\xrightarrow[r_3-6r_1]{r_2-2r_1}\begin{bmatrix}1&2&0\\0&-1&1\\0&-8&8\end{bmatrix}\xrightarrow{r_3-8r_2}\begin{bmatrix}1&2&0\\0&-1&1\\0&0&0\end{bmatrix}$$

则有 $R(\boldsymbol{A})=2=R_A$，则 $R_A=2$.

其中

$$[\boldsymbol{\alpha}_1,\boldsymbol{\alpha}_2]\xrightarrow{r}\begin{bmatrix}1&2\\0&-1\\0&0\end{bmatrix}$$

有 $\boldsymbol{\alpha}_1,\boldsymbol{\alpha}_2$ 线性无关，且 $R(\boldsymbol{\alpha}_1,\boldsymbol{\alpha}_2)=2=R_A$，则有 $\boldsymbol{\alpha}_1,\boldsymbol{\alpha}_2$ 为向量组 A 的一组最大无关组.

例 3.22 已知矩阵

$$\boldsymbol{A}=\begin{bmatrix}1&2&3&4\\-2&3&-1&5\\-4&-1&-7&-3\end{bmatrix}$$

试求矩阵 $\boldsymbol{A}$ 所对应的列向量组的秩及一组最大无关组，并求其他向量由最大无关组线性表示的表达式.

解 矩阵 $\boldsymbol{A}$ 所对应的列向量组 A：

$$\boldsymbol{\alpha}_1=\begin{bmatrix}1\\-2\\-4\end{bmatrix},\quad \boldsymbol{\alpha}_2=\begin{bmatrix}2\\3\\-1\end{bmatrix},\quad \boldsymbol{\alpha}_3=\begin{bmatrix}3\\-1\\-7\end{bmatrix},\quad \boldsymbol{\alpha}_4=\begin{bmatrix}4\\5\\-3\end{bmatrix}$$

$$\boldsymbol{A}=\begin{bmatrix}1&2&3&4\\-2&3&-1&5\\-4&-1&-7&-3\end{bmatrix}\xrightarrow{r}\begin{bmatrix}1&2&3&4\\0&7&5&13\\0&0&0&0\end{bmatrix}$$

则有 $R(\mathbf{A})=2=R_A$，则 $R_A=2$.

其中

$$[\boldsymbol{\alpha}_1,\boldsymbol{\alpha}_2]\xrightarrow{r}\begin{bmatrix}1&2\\0&7\\0&0\end{bmatrix}$$

有 $\boldsymbol{\alpha}_1,\boldsymbol{\alpha}_2$ 线性无关，且 $R(\boldsymbol{\alpha}_1,\boldsymbol{\alpha}_2)=2=R_A$，则有 $\boldsymbol{\alpha}_1,\boldsymbol{\alpha}_2$ 为向量组 A 的一组最大无关组.

$$\mathbf{A}=\begin{bmatrix}1&2&3&4\\-2&3&-1&5\\-4&-1&-7&-3\end{bmatrix}\xrightarrow{r}\begin{bmatrix}1&2&3&4\\0&7&5&13\\0&0&0&0\end{bmatrix}\xrightarrow{r}\begin{bmatrix}1&0&\frac{11}{7}&\frac{2}{7}\\0&1&\frac{5}{7}&\frac{13}{7}\\0&0&0&0\end{bmatrix}$$

则有

$$\boldsymbol{\alpha}_3=\frac{11}{7}\boldsymbol{\alpha}_1+\frac{5}{7}\boldsymbol{\alpha}_2,\quad \boldsymbol{\alpha}_4=\frac{2}{7}\boldsymbol{\alpha}_1+\frac{13}{7}\boldsymbol{\alpha}_2$$

结合定理 3.9，可将定理 3.4 ～ 3.8 进一步表示为

定理 3.10　向量 $\boldsymbol{\alpha}$ 可由向量组 $A:\boldsymbol{\alpha}_1,\boldsymbol{\alpha}_2,\cdots,\boldsymbol{\alpha}_m$ 线性表示的充分必要条件为 $R_A=R_{(A,\boldsymbol{\alpha})}$.

定理 3.11　向量组 $B:\boldsymbol{\beta}_1,\boldsymbol{\beta}_2,\cdots,\boldsymbol{\beta}_s$ 可由向量组 $A:\boldsymbol{\alpha}_1,\boldsymbol{\alpha}_2,\cdots,\boldsymbol{\alpha}_m$ 线性表示的充分必要条件为 $R_A=R_{(A,B)}$.

定理 3.12　向量组 $A:\boldsymbol{\alpha}_1,\boldsymbol{\alpha}_2,\cdots,\boldsymbol{\alpha}_m$ 与向量组 $B:\boldsymbol{\beta}_1,\boldsymbol{\beta}_2,\cdots,\boldsymbol{\beta}_s$ 等价的充分必要条件为 $R_A=R_B=R_{(A,B)}$.

定理 3.13　向量组 $A:\boldsymbol{\alpha}_1,\boldsymbol{\alpha}_2,\cdots,\boldsymbol{\alpha}_m$ 线性相关的充分必要条件为 $R_A<m$.

定理 3.14　向量组 $A:\boldsymbol{\alpha}_1,\boldsymbol{\alpha}_2,\cdots,\boldsymbol{\alpha}_m$ 线性无关的充分必要条件为 $R_A=m$.

3.5* 向量空间

向量空间指一类满足某些特殊条件的向量组. 以往所接触的传统的二维空间、三维空间可看作由全体二维向量、全体三维向量所组成的集合. 在本节中，将针对 n 维向量空间的相关内容进行介绍.

定义 3.8　已知 V 是由 n 维向量组成的非空集合，若 V 中向量满足以下两个条件：

(1) 若 $\boldsymbol{\alpha}\in V,\boldsymbol{\beta}\in V$，则 $\boldsymbol{\alpha}+\boldsymbol{\beta}\in V$；

(2) 若 $\boldsymbol{\alpha}\in V,k\in\mathbf{R}$，则 $k\boldsymbol{\alpha}\in V$.

则称集合 V 为**向量空间**.

定义 3.8 中(1) 与(2) 所描述的条件分别称为**加法运算封闭与数乘运算封闭**.

例 3.23　全体 n 维列向量组成的集合 $\mathbf{R}^n$ 是一个向量空间.

例 3.24　已知 $\boldsymbol{\alpha},\boldsymbol{\beta}\in\mathbf{R}^n,V=\{\boldsymbol{x}=k\boldsymbol{\alpha}+l\boldsymbol{\beta}\mid k,l\in\mathbf{R}\}$，试证 V 是一个向量空间.

证明　设 $\boldsymbol{x}_1,\boldsymbol{x}_2\in V,k_1,k_2,l_1,l_2,s\in\mathbf{R}$，有

$$\boldsymbol{x}_1=k_1\boldsymbol{\alpha}+l_1\boldsymbol{\beta},\quad \boldsymbol{x}_2=k_2\boldsymbol{\alpha}+l_2\boldsymbol{\beta}\tag{29}$$

则

$$\boldsymbol{x}_1+\boldsymbol{x}_2=(k_1+k_2)\boldsymbol{\alpha}+(l_1+l_2)\boldsymbol{\beta}\quad(k_1+k_2,l_1+l_2\in\mathbf{R})\tag{30}$$

即满足加法运算封闭

$$s\boldsymbol{x}_1=sk_1\boldsymbol{\alpha}+sl_1\boldsymbol{\beta}\quad(sk_1,sl_1\in\mathbf{R})\tag{31}$$

即满足数乘运算封闭，综上 V 是一个向量空间.

例 3.25 已知 k 为某常数，集合 $V=\{\boldsymbol{x}=(k,x_2,x_3,\cdots,x_n)\mid x_2,x_3,\cdots,x_n\in\mathbf{R}\}$，试判断集合 V 是否为向量空间.

解 设 $\boldsymbol{x},\boldsymbol{y}\in V,l\in\mathbf{R}$，其中

$$\boldsymbol{x}=(k,x_2,x_3,\cdots,x_n),\quad\boldsymbol{y}=(k,y_2,y_3,\cdots,y_n)$$

那么

$$\boldsymbol{x}+\boldsymbol{y}=(2k,x_2+y_2,\cdots,x_n+y_n)$$

且

$$l\boldsymbol{x}=(lk,lx_2,\cdots,lx_n)$$

当 $k=0$ 时，显然 $\boldsymbol{x}+\boldsymbol{y}\in V$ 且 $l\boldsymbol{x}\in V$，即 V 是一个向量空间.

当 $k\neq0$ 时，$\boldsymbol{x}+\boldsymbol{y}\notin V$，即 V 不是一个向量空间.

定义 3.9 向量空间 V，有 $\boldsymbol{\alpha}_1,\boldsymbol{\alpha}_2,\cdots,\boldsymbol{\alpha}_r\in V$，若向量组 $\boldsymbol{\alpha}_1,\boldsymbol{\alpha}_2,\cdots,\boldsymbol{\alpha}_r$ 与向量空间 V 满足以下两个条件：

(1) 向量组 $\boldsymbol{\alpha}_1,\boldsymbol{\alpha}_2,\cdots,\boldsymbol{\alpha}_r$ 线性无关；

(2) 向量空间 V 中任一向量 $\boldsymbol{\alpha}$ 都可由向量组 $\boldsymbol{\alpha}_1,\boldsymbol{\alpha}_2,\cdots,\boldsymbol{\alpha}_r$ 线性表示，即

$$\boldsymbol{\alpha}=k_1\boldsymbol{\alpha}_1+k_2\boldsymbol{\alpha}_2+\cdots+k_r\boldsymbol{\alpha}_r$$

其中

$$k_1,k_2,\cdots,k_r\in\mathbf{R}$$

则称向量组 $\boldsymbol{\alpha}_1,\boldsymbol{\alpha}_2,\cdots,\boldsymbol{\alpha}_r$ 为向量空间 V 的一组**基**；称数 r 为向量空间 V 的**维数**，也称向量空间 V 为 r **维向量空间**，记为 $\dim V=r$；称数组 $k_1,k_2,\cdots,k_r$ 为向量 $\boldsymbol{\alpha}$ 在基 $\boldsymbol{\alpha}_1,\boldsymbol{\alpha}_2,\cdots,\boldsymbol{\alpha}_r$ 下的**坐标**，一般记作 $(k_1,k_2,\cdots,k_r)^{\mathrm{T}}$；称向量空间 V 为由向量组 $\boldsymbol{\alpha}_1,\boldsymbol{\alpha}_2,\cdots,\boldsymbol{\alpha}_r$ **生成的向量空间**. 若向量空间没有基，则维数为 0；0 维空间只含有零向量.

例 3.24 中若向量 $\boldsymbol{\alpha},\boldsymbol{\beta}$ 线性无关，则可称例 3.24 中向量空间为由向量 $\boldsymbol{\alpha},\boldsymbol{\beta}$ 生成的向量空间.

结合本章定义 3.7 和定义 3.9 可知向量空间的一组基即是组成向量空间这组向量的一组最大无关组，相应的向量空间的维数即是组成向量空间这组向量的秩. 从而求向量空间基和维数可转化为求解向量组最大无关组和秩的问题.

例 3.26 结合向量组的知识有，列向量空间 $\mathbf{R}^n$ 的一组基是 n 维单位坐标向量组

$$E:\boldsymbol{\varepsilon}_1=(1,0,\cdots,0)^{\mathrm{T}},\boldsymbol{\varepsilon}_2=(0,1,\cdots,0)^{\mathrm{T}},\cdots,\boldsymbol{\varepsilon}_n=(0,0,\cdots,1)^{\mathrm{T}}，且\ \dim\mathbf{R}^n=n$$

E 也称作向量空间 $\mathbf{R}^n$ 的一组**自然基**.

例 3.27 已知矩阵 $\boldsymbol{A}=(\boldsymbol{\alpha}_1,\boldsymbol{\alpha}_2,\boldsymbol{\alpha}_3)=\begin{bmatrix}1&1&1\\0&1&1\\0&0&1\end{bmatrix}$，向量 $\boldsymbol{\beta}=\begin{bmatrix}3\\2\\5\end{bmatrix}$，试证明 $\boldsymbol{\alpha}_1,\boldsymbol{\alpha}_2,\boldsymbol{\alpha}_3$ 为 $\mathbf{R}^3$ 的一组基，并求向量 $\boldsymbol{\beta}$ 在基 $\boldsymbol{\alpha}_1,\boldsymbol{\alpha}_2,\boldsymbol{\alpha}_3$ 下的坐标.

证明 由 $|\boldsymbol{A}|=1\neq0$ 得 $R(\boldsymbol{A})=3$，则向量组 $\boldsymbol{\alpha}_1,\boldsymbol{\alpha}_2,\boldsymbol{\alpha}_3$ 的秩为 3，且 $\boldsymbol{\alpha}_1,\boldsymbol{\alpha}_2,\boldsymbol{\alpha}_3\in\mathbf{R}^3$，

$R_{\mathbf{R}^3}=3$，则 $\boldsymbol{\alpha}_1,\boldsymbol{\alpha}_2,\boldsymbol{\alpha}_3$ 为 $\mathbf{R}^3$ 的一组基.

设 $\boldsymbol{\beta}$ 在基 $\boldsymbol{\alpha}_1,\boldsymbol{\alpha}_2,\boldsymbol{\alpha}_3$ 下的坐标为 k_1,k_2,k_3，则有

$$k_1\boldsymbol{\alpha}_1+k_2\boldsymbol{\alpha}_2+k_3\boldsymbol{\alpha}_3=\boldsymbol{\beta}$$

即

$$\boldsymbol{A}\begin{bmatrix}k_1\\k_2\\k_3\end{bmatrix}=\boldsymbol{\beta} \tag{32}$$

解方程组(32) 有 $k_1=1,k_2=-3,k_3=5$，则有 $\boldsymbol{\beta}=\boldsymbol{\alpha}_1-3\boldsymbol{\alpha}_2+5\boldsymbol{\alpha}_3$，则向量 $\boldsymbol{\beta}$ 在基 $\boldsymbol{\alpha}_1,\boldsymbol{\alpha}_2,\boldsymbol{\alpha}_3$ 下的坐标为 $(1,-3,5)^{\mathrm{T}}$.

由例 3.27 可知，求解向量在某组基下的坐标可转化为求解非齐次线性方程组的问题.

由向量空间的基与向量组的最大无关组之间的联系，可以得到一个向量空间的基不唯一，下面来讨论不同基之间的关系.

向量空间 V 的一组基 $\boldsymbol{\alpha}_1,\boldsymbol{\alpha}_2,\cdots,\boldsymbol{\alpha}_r$ 所对应的矩阵 $\boldsymbol{A}=(\boldsymbol{\alpha}_1,\boldsymbol{\alpha}_2,\cdots,\boldsymbol{\alpha}_r)$，另一组新基 $\boldsymbol{\beta}_1,\boldsymbol{\beta}_2,\cdots,\boldsymbol{\beta}_r$ 所对应的矩阵 $\boldsymbol{B}=(\boldsymbol{\beta}_1,\boldsymbol{\beta}_2,\cdots,\boldsymbol{\beta}_r)$，对于 $\boldsymbol{x}\in V$，并有以下两个等式

$$\boldsymbol{x}=k_1\boldsymbol{\alpha}_1+k_2\boldsymbol{\alpha}_2+\cdots+k_r\boldsymbol{\alpha}_r \tag{33}$$

$$\boldsymbol{x}=l_1\boldsymbol{\beta}_1+l_2\boldsymbol{\beta}_2+\cdots+l_r\boldsymbol{\beta}_r \tag{34}$$

其中 $k_i,l_i\in\mathbf{R},i=1,2,\cdots,r$，将式(33)，(34) 用矩阵表示得

$$\boldsymbol{x}=k_1\boldsymbol{\alpha}_1+k_2\boldsymbol{\alpha}_2+\cdots+k_r\boldsymbol{\alpha}_r=\boldsymbol{A}\begin{bmatrix}k_1\\k_2\\\vdots\\k_r\end{bmatrix} \tag{35}$$

$$\boldsymbol{x}=l_1\boldsymbol{\beta}_1+l_2\boldsymbol{\beta}_2+\cdots+l_r\boldsymbol{\beta}_r=\boldsymbol{B}\begin{bmatrix}l_1\\l_2\\\vdots\\l_r\end{bmatrix} \tag{36}$$

则称使得等式 $\boldsymbol{B}=\boldsymbol{AP}$ 成立的可逆矩阵 $\boldsymbol{P}$ 为基 $\boldsymbol{\alpha}_1,\boldsymbol{\alpha}_2,\cdots,\boldsymbol{\alpha}_r$ 到基 $\boldsymbol{\beta}_1,\boldsymbol{\beta}_2,\cdots,\boldsymbol{\beta}_r$ 的**过渡矩阵**.即

$$(\boldsymbol{\beta}_1,\boldsymbol{\beta}_2,\cdots,\boldsymbol{\beta}_r)=(\boldsymbol{\alpha}_1,\boldsymbol{\alpha}_2,\cdots,\boldsymbol{\alpha}_r)\boldsymbol{P} \tag{37}$$

由式(35)，(36) 有

$$\boldsymbol{A}\begin{bmatrix}k_1\\k_2\\\vdots\\k_r\end{bmatrix}=\boldsymbol{B}\begin{bmatrix}l_1\\l_2\\\vdots\\l_r\end{bmatrix} \tag{38}$$

则有

$$\boldsymbol{AP}\begin{bmatrix}l_1\\l_2\\\vdots\\l_r\end{bmatrix}=\boldsymbol{A}\begin{bmatrix}k_1\\k_2\\\vdots\\k_r\end{bmatrix}$$

由 $\boldsymbol{A}=(\boldsymbol{\alpha}_1,\boldsymbol{\alpha}_2,\cdots,\boldsymbol{\alpha}_r)$ 为一组基，则 $R(\boldsymbol{A})=r$，则有

$$\boldsymbol{P}\begin{bmatrix}l_1\\l_2\\\vdots\\l_r\end{bmatrix}=\begin{bmatrix}k_1\\k_2\\\vdots\\k_r\end{bmatrix}$$

即

$$\begin{bmatrix}l_1\\l_2\\\vdots\\l_r\end{bmatrix}=\boldsymbol{P}^{-1}\begin{bmatrix}k_1\\k_2\\\vdots\\k_r\end{bmatrix}\tag{39}$$

则(39) 称为由基 $\boldsymbol{\alpha}_1,\boldsymbol{\alpha}_2,\cdots,\boldsymbol{\alpha}_r$ 下坐标到基 $\boldsymbol{\beta}_1,\boldsymbol{\beta}_2,\cdots,\boldsymbol{\beta}_r$ 下坐标的**坐标变换公式**.

例 3.28 试求从向量空间 $\mathbf{R}^2$ 的基 $\boldsymbol{\alpha}_1=\begin{bmatrix}1\\0\end{bmatrix}$，$\boldsymbol{\alpha}_2=\begin{bmatrix}1\\-1\end{bmatrix}$ 到基 $\boldsymbol{\beta}_1=\begin{bmatrix}1\\1\end{bmatrix}$，$\boldsymbol{\beta}_2=\begin{bmatrix}1\\2\end{bmatrix}$ 的过渡矩阵.

解 依过渡矩阵的定义，设过渡矩阵为 $\boldsymbol{P}$，由 $(\boldsymbol{\alpha}_1,\boldsymbol{\alpha}_2)\boldsymbol{P}=(\boldsymbol{\beta}_1,\boldsymbol{\beta}_2)$，且 $(\boldsymbol{\alpha}_1,\boldsymbol{\alpha}_2)$，$(\boldsymbol{\beta}_1,\boldsymbol{\beta}_2)$ 可逆，则

$$\boldsymbol{P}=(\boldsymbol{\alpha}_1,\boldsymbol{\alpha}_2)^{-1}(\boldsymbol{\beta}_1,\boldsymbol{\beta}_2)=\begin{bmatrix}1&1\\0&-1\end{bmatrix}^{-1}\begin{bmatrix}1&1\\1&2\end{bmatrix}=\begin{bmatrix}2&3\\-1&-2\end{bmatrix}$$

即所求.

3.6 线性方程组解的结构

3.1 节中曾学习了如何通过判断矩阵的秩来判断线性方程组解的情况；通过矩阵的初等变换从而求解出线性方程组的解. 在本节中，将针对齐次线性方程组和非齐次线性方程组的解的结构进行介绍.

3.6.1 齐次线性方程组

对于齐次线性方程组

$$\boldsymbol{A}\boldsymbol{x}=\boldsymbol{0}\tag{40}$$

其中

$$\boldsymbol{A}=(\boldsymbol{\alpha}_1,\boldsymbol{\alpha}_2,\cdots,\boldsymbol{\alpha}_n)=\begin{bmatrix}a_{11}&a_{12}&\cdots&a_{1n}\\a_{21}&a_{22}&\cdots&a_{2n}\\\vdots&\vdots&&\vdots\\a_{m1}&a_{m2}&\cdots&a_{mn}\end{bmatrix},\quad \boldsymbol{x}=\begin{bmatrix}x_1\\x_2\\\vdots\\x_n\end{bmatrix}$$

性质 3.4 若 $\boldsymbol{x}_1=\boldsymbol{\gamma}_1$，$\boldsymbol{x}_2=\boldsymbol{\gamma}_2$ 为方程组(40) 的解向量，则 $\boldsymbol{x}=\boldsymbol{\gamma}_1+\boldsymbol{\gamma}_2$ 也是方程组(40) 的解.

性质 3.5 若 $\boldsymbol{x}_1=\boldsymbol{\gamma}_1$ 为方程组(40) 的解向量，k 为非零常数，则 $\boldsymbol{x}=k\boldsymbol{\gamma}_1$ 也是方程组(40) 的解.

定义 3.10　齐次线性方程组 $\boldsymbol{Ax}=\mathbf{0}$ 有非零解，若其解向量组中存在子集

$$\boldsymbol{\gamma}_1,\boldsymbol{\gamma}_2,\cdots,\boldsymbol{\gamma}_r$$

满足以下两个条件：

(1) 向量组 $\boldsymbol{\gamma}_1,\boldsymbol{\gamma}_2,\cdots,\boldsymbol{\gamma}_r$ 线性无关；

(2) 方程组 $\boldsymbol{Ax}=\mathbf{0}$ 的任一解向量均可由向量组 $\boldsymbol{\gamma}_1,\boldsymbol{\gamma}_2,\cdots,\boldsymbol{\gamma}_r$ 线性表示，即

$$\boldsymbol{\gamma}=c_1\boldsymbol{\gamma}_1+c_2\boldsymbol{\gamma}_2+\cdots+c_r\boldsymbol{\gamma}_r$$

其中 $c_1,c_2,\cdots,c_r$ 为任意常数，则称向量组 $\boldsymbol{\gamma}_1,\boldsymbol{\gamma}_2,\cdots,\boldsymbol{\gamma}_r$ 为方程组 $\boldsymbol{Ax}=\mathbf{0}$ 的**基础解系**，称形式 $\boldsymbol{\gamma}$ 为方程组 $\boldsymbol{Ax}=\mathbf{0}$ 的通解.

通过性质 3.4 和性质 3.5 可知，齐次线性方程组的解集构成了一个向量空间，结合定义 3.10 则可知，齐次线性方程组的基础解系即为该向量空间的一组基. 显然，齐次线性方程组的基础解系不唯一.

定理 3.15　已知 n 元齐次线性方程组 $\boldsymbol{Ax}=\mathbf{0}$ 解向量组 S，则有 $R_S=n-R(\boldsymbol{A})$.

证明　(1) 当 $R(\boldsymbol{A})=n$ 时，即 n 元齐次线性方程组 $\boldsymbol{Ax}=\mathbf{0}$ 只有零解，则 S 中只含有一个零向量，即 $R_S=0$，定理成立.

(2) 当 $R(\boldsymbol{A})<n$ 时，则有

$$\boldsymbol{A}\longrightarrow\begin{bmatrix}1&0&\cdots&0&b_{11}&b_{12}&\cdots&b_{1,n-r}\\0&1&\cdots&0&b_{21}&b_{22}&\cdots&b_{2,n-r}\\\vdots&\vdots&&\vdots&\vdots&&&\vdots\\0&0&\cdots&1&b_{r1}&b_{r2}&\cdots&b_{r,n-r}\\0&0&\cdots&0&0&0&\cdots&0\\\vdots&\vdots&&\vdots&\vdots&\vdots&&\vdots\\0&0&\cdots&0&0&0&\cdots&0\end{bmatrix}$$

取 $x_{r+1}=c_1,x_{r+2}=c_2,\cdots,x_n=c_{n-r}$，则有

$$\boldsymbol{x}=c_1\begin{bmatrix}-b_{11}\\-b_{21}\\\vdots\\-b_{r1}\\1\\0\\\vdots\\0\end{bmatrix}+c_2\begin{bmatrix}-b_{12}\\-b_{22}\\\vdots\\-b_{r2}\\0\\1\\\vdots\\0\end{bmatrix}+\cdots+c_{n-r}\begin{bmatrix}-b_{1,n-r}\\-b_{2,n-r}\\\vdots\\-b_{r,n-r}\\0\\0\\\vdots\\1\end{bmatrix}$$

即 $\boldsymbol{x}=c_1\boldsymbol{\gamma}_1+c_2\boldsymbol{\gamma}_2+\cdots+c_{n-r}\boldsymbol{\gamma}_{n-r}$，即齐次线性方程组 $\boldsymbol{Ax}=\mathbf{0}$ 的所有解都可由向量组 $\boldsymbol{\gamma}_1,\boldsymbol{\gamma}_2,\cdots,\boldsymbol{\gamma}_{n-r}$ 线性表示，且显然，向量组 $\boldsymbol{\gamma}_1,\boldsymbol{\gamma}_2,\cdots,\boldsymbol{\gamma}_{n-r}$ 线性无关，则有 $\boldsymbol{\gamma}_1,\boldsymbol{\gamma}_2,\cdots,\boldsymbol{\gamma}_{n-r}$ 为 S 的一组最大无关组，则 $R_S=n-r$.

综上定理得证.

例 3.29　已知齐次线性方程组

$$\begin{cases}x_1+2x_2-2x_3+x_4=0\\3x_1+7x_2-6x_3+4x_4=0\\2x_1+5x_2-4x_3+3x_4=0\end{cases}\tag{41}$$

试求其基础解系,并给出其通解.

解 方程组(41) 的系数矩阵

$$\boldsymbol{A}=\begin{bmatrix}1&2&-2&1\\3&7&-6&4\\2&5&-4&3\end{bmatrix}\xrightarrow{r}\begin{bmatrix}1&2&-2&1\\0&1&0&1\\0&0&0&0\end{bmatrix}\xrightarrow{r}\begin{bmatrix}1&0&-2&-1\\0&1&0&1\\0&0&0&0\end{bmatrix}$$

即得到与(41) 同解的方程组

$$\begin{cases}x_1-2x_3-x_4=0\\x_2+x_4=0\end{cases}\tag{42}$$

取 $\begin{bmatrix}x_3\\x_4\end{bmatrix}=\begin{bmatrix}1\\0\end{bmatrix}$ 和 $\begin{bmatrix}0\\1\end{bmatrix}$,则得方程组(41) 的一组基础解系

$$\boldsymbol{\gamma}_1=\begin{bmatrix}2\\0\\1\\0\end{bmatrix},\quad \boldsymbol{\gamma}_2=\begin{bmatrix}1\\-1\\0\\1\end{bmatrix}$$

从而方程组(41) 的通解为

$$\boldsymbol{x}=c_1\boldsymbol{\gamma}_1+c_2\boldsymbol{\gamma}_2\quad(\text{其中 } c_1,c_2 \text{ 为任意常数})$$

3.6.2 非齐次线性方程组

对于非齐次线性方程组

$$\boldsymbol{Ax}=\boldsymbol{b}\tag{43}$$

其中

$$\boldsymbol{A}=(\boldsymbol{\alpha}_1,\boldsymbol{\alpha}_2,\cdots,\boldsymbol{\alpha}_n)=\begin{bmatrix}a_{11}&a_{12}&\cdots&a_{1n}\\a_{21}&a_{22}&\cdots&a_{2n}\\\vdots&\vdots&&\vdots\\a_{m1}&a_{m2}&\cdots&a_{mn}\end{bmatrix},\quad \boldsymbol{x}=\begin{bmatrix}x_1\\x_2\\\vdots\\x_n\end{bmatrix},\quad \boldsymbol{b}=\begin{bmatrix}b_1\\b_2\\\vdots\\b_m\end{bmatrix}\neq\boldsymbol{0}$$

且有 $R(\boldsymbol{A})=r<n$,方程组(43) 所对应的齐次线性方程组为

$$\boldsymbol{Ax}=\boldsymbol{0}\tag{44}$$

也称方程组(44) 为方程组(43) 的导出方程组.

性质3.6 若 $\boldsymbol{x}_1^*=\boldsymbol{\gamma}_1^*,\boldsymbol{x}_2^*=\boldsymbol{\gamma}_2^*$ 为方程组(43) 的解向量,则 $\boldsymbol{x}^*=\boldsymbol{\gamma}_1^*-\boldsymbol{\gamma}_2^*$ 为方程组(44) 的解.

性质3.7 若 $\boldsymbol{x}_1^*=\boldsymbol{\gamma}_1^*$ 为方程组(43) 的解向量,$\boldsymbol{x}_1=\boldsymbol{\gamma}_1$ 为方程组(44) 的解向量,则 $\boldsymbol{x}^*=\boldsymbol{\gamma}_1^*+\boldsymbol{\gamma}_1$ 仍为方程组(43) 的解.

例3.30 已知非齐次线性方程组

$$\begin{cases}x_1-x_2-x_3+x_4=0\\x_1-x_2-2x_3+3x_4=-\dfrac{1}{2}\\x_1-x_2+x_3-3x_4=1\end{cases}\tag{45}$$

试求解方程组(45) 的通解.

解　依题目有增广矩阵

$$[\boldsymbol{A},\boldsymbol{b}]=\begin{bmatrix}1 & -1 & -1 & 1 & 0\\ 1 & -1 & -2 & 3 & -\frac{1}{2}\\ 1 & -1 & 1 & -3 & 1\end{bmatrix}\xrightarrow{r}\begin{bmatrix}1 & -1 & 0 & -1 & \frac{1}{2}\\ 0 & 0 & 1 & -2 & \frac{1}{2}\\ 0 & 0 & 0 & 0 & 0\end{bmatrix}$$

则有 $r(\boldsymbol{A})=R(\boldsymbol{A},\boldsymbol{b})=2<4$，则方程组(45) 有无穷多解，即得到与(45) 同解的方程组

$$\begin{cases}x_1-x_2-x_4=\frac{1}{2}\\ x_3-2x_4=\frac{1}{2}\end{cases}\tag{46}$$

取 $x_2=x_4=0$，则得方程组(45) 的一个解

$$\boldsymbol{\gamma}^*=\begin{bmatrix}\frac{1}{2}\\ 0\\ \frac{1}{2}\\ 0\end{bmatrix}$$

由方程组(46) 的形式可知，与方程组(45) 所对应的齐次线性方程组同解的方程组

$$\begin{cases}x_1-x_2-x_4=0\\ x_3-2x_4=0\end{cases}\tag{47}$$

取

$$\begin{bmatrix}x_2\\ x_4\end{bmatrix}=\begin{bmatrix}1\\ 0\end{bmatrix}\quad 和\quad \begin{bmatrix}x_2\\ x_4\end{bmatrix}=\begin{bmatrix}0\\ 1\end{bmatrix}$$

则得到方程组(45) 所对应的齐次线性方程组的一组基础解系

$$\boldsymbol{\gamma}_1=\begin{bmatrix}1\\ 1\\ 0\\ 0\end{bmatrix},\quad \boldsymbol{\gamma}_2=\begin{bmatrix}1\\ 0\\ 2\\ 1\end{bmatrix}$$

于是方程组(45) 的通解为

$$\boldsymbol{x}=\boldsymbol{\gamma}^*+c_1\boldsymbol{\gamma}_1+c_2\boldsymbol{\gamma}_2\quad(其中\ c_1,c_2\ 为任意常数)$$

通常称上题中 $\boldsymbol{\gamma}^*$ 为非齐次线性方程组的**特解**.

例 3.31　已知 n 元齐次线性方程组 $\boldsymbol{Ax}=\boldsymbol{0}$ 与 $\boldsymbol{Bx}=\boldsymbol{0}$ 同解，试证明：$R(\boldsymbol{A})=R(\boldsymbol{B})$.

证明　设方程组 $\boldsymbol{Ax}=\boldsymbol{0}$ 的解集为 S，则有 $R(\boldsymbol{A})=n-R_S$；

$\boldsymbol{Bx}=\boldsymbol{0}$ 的解集为 S，则有

$$R(\boldsymbol{B})=n-R_S$$

则有

$$R(\boldsymbol{A})=R(\boldsymbol{B})$$

证毕.

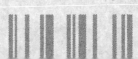

习　题　三

一、选择题

1. n 元线性方程组 $\boldsymbol{Ax}=\boldsymbol{b}$ 有无穷多解的充分必要条件是　　(　　)

A. $R(\boldsymbol{A})=R(\boldsymbol{A},\boldsymbol{b})=n$　　B. $R(\boldsymbol{A})=R(\boldsymbol{A},\boldsymbol{b})<n$

C. $R(\boldsymbol{A})<R(\boldsymbol{A},\boldsymbol{b})$　　D. $R(\boldsymbol{A})>R(\boldsymbol{A},\boldsymbol{b})$

2. 设向量 $\boldsymbol{\beta}$ 可由向量组 $\boldsymbol{\alpha}_1,\boldsymbol{\alpha}_2,\cdots,\boldsymbol{\alpha}_n$ 线性表示，但不能由向量组 $A:\boldsymbol{\alpha}_1,\boldsymbol{\alpha}_2,\cdots,\boldsymbol{\alpha}_{n-1}$ 线性表示，记向量组 $B:\boldsymbol{\alpha}_1,\boldsymbol{\alpha}_2,\cdots,\boldsymbol{\alpha}_{n-1},\boldsymbol{\beta}$，则　　(　　)

A. $\boldsymbol{\alpha}_n$ 不能由 A 线性表示，也不能由 B 线性表示

B. $\boldsymbol{\alpha}_n$ 不能由 A 线性表示，但能由 B 线性表示

C. $\boldsymbol{\alpha}_n$ 能由 A 线性表示，也能由 B 线性表示

D. $\boldsymbol{\alpha}_n$ 能由 A 线性表示，但不能由 B 线性表示

3. 已知向量组 $A:\boldsymbol{\alpha}_1,\boldsymbol{\alpha}_2,\cdots,\boldsymbol{\alpha}_n$，向量组 $A_0:\boldsymbol{\alpha}_1,\boldsymbol{\alpha}_2,\cdots,\boldsymbol{\alpha}_r$，以下不能说明 A_0 为 A 的最大线性无关组的是　　(　　)

A. $R_A=R_{A_0}=r$

B. A_0 线性无关且 A 线性相关

C. $R_{A_0}=r$，且 A 中任意 $r+1$ 个向量都线性相关

D. A 中任一向量都可由 A_0 唯一线性表示

4. 已知向量组 A,B，矩阵 $\boldsymbol{A},\boldsymbol{B}$ 分别为向量组所对应的矩阵，以下不是向量组 B 可由向量组 A 线性表示的充要条件的是　　(　　)

A. $R_A=R_{(A,B)}$　　B. 存在矩阵 $\boldsymbol{K}$ 使得 $\boldsymbol{B}=\boldsymbol{AK}$

C. $R_A\geqslant R_B$　　D. 矩阵方程 $\boldsymbol{AX}=\boldsymbol{B}$ 有解

5. n 元一次线性方程组 $\boldsymbol{Ax}=\boldsymbol{0}$，已知 $R(\boldsymbol{A})=r<n$，则其解集 S 的秩为　　(　　)

A. r　　B. n　　C. 1　　D. $n-r$

二、填空题

1. 矩阵方程 $\boldsymbol{AX}=\boldsymbol{B}$ 有解的充分必要条件为________.

2. 已知 $\boldsymbol{\alpha}=\begin{bmatrix}3\\0\\1\end{bmatrix}$，$\boldsymbol{\beta}=\begin{bmatrix}-2\\2\\3\end{bmatrix}$，则 $2\boldsymbol{\alpha}-\boldsymbol{\beta}=$________.

3. 已知向量组 $A:\boldsymbol{\alpha}_1=\begin{bmatrix}2\\3\\0\end{bmatrix}$，$\boldsymbol{\alpha}_2=\begin{bmatrix}-1\\4\\0\end{bmatrix}$，$\boldsymbol{\alpha}_3=\begin{bmatrix}0\\0\\2\end{bmatrix}$，则向量组 A 的线性相关性为________.

4. 已知向量组 $A:\boldsymbol{\alpha}_1=\begin{bmatrix}1\\1\\1\end{bmatrix}$，$\boldsymbol{\alpha}_2=\begin{bmatrix}0\\2\\5\end{bmatrix}$，$\boldsymbol{\alpha}_3=\begin{bmatrix}2\\4\\7\end{bmatrix}$，其秩为________，其一组最大线性无

关组为________.

5. 向量组 A 与向量组 B 等价的充分必要条件为________.

6. 向量组 B 可由向量组 A 线性表示，则 R_A ________ R_B(大小关系).

*7. 已知 $\mathbf{R}^2$ 的两组基 $\boldsymbol{\alpha}_1=\begin{bmatrix}2\\1\end{bmatrix}$，$\boldsymbol{\alpha}_2=\begin{bmatrix}-1\\0\end{bmatrix}$ 和 $\boldsymbol{\beta}_1=\begin{bmatrix}1\\1\end{bmatrix}$，$\boldsymbol{\beta}_2=\begin{bmatrix}1\\2\end{bmatrix}$，则由 $\boldsymbol{\alpha}_1$，$\boldsymbol{\alpha}_2$ 到 $\boldsymbol{\beta}_1$，$\boldsymbol{\beta}_2$ 的过渡矩阵为________.

*8. 已知 $\boldsymbol{\alpha}_1=\begin{bmatrix}1\\-1\\1\end{bmatrix}$，$\boldsymbol{\alpha}_2=\begin{bmatrix}0\\1\\-1\end{bmatrix}$，$\boldsymbol{\alpha}_3=\begin{bmatrix}1\\1\\0\end{bmatrix}$ 为向量空间 $\mathbf{R}^3$ 的一组基，则向量 $\boldsymbol{\beta}=\begin{bmatrix}3\\2\\-5\end{bmatrix}$ 在基 $\boldsymbol{\alpha}_1$，$\boldsymbol{\alpha}_2$，$\boldsymbol{\alpha}_3$ 下的坐标为________.

9. 已知五元齐次线性方程组 $\boldsymbol{A}\boldsymbol{x}=\boldsymbol{0}$ 的一组基础解系含三个向量，则 $R(\boldsymbol{A})=$ ________.

10. $\boldsymbol{P}$，$\boldsymbol{Q}$ 均为 $m\times n$ 矩阵，若方程组 $\boldsymbol{P}\boldsymbol{x}=\boldsymbol{0}$ 的解均为 $\boldsymbol{Q}\boldsymbol{x}=\boldsymbol{0}$ 的解，则 $R(\boldsymbol{P})$ ________ $R(\boldsymbol{Q})$(大小关系).

三、计算及证明题

1. 试判断下列非齐次线性方程组解的情况，若有解，则求出其通解.

(1) $\begin{cases}x_1+x_2+x_3+x_4=2\\2x_2+3x_3+x_4=3\\3x_3+4x_4=2\\6x_3+7x_4=4\end{cases}$　　(2) $\begin{cases}x_1+2x_2-x_3+2x_4=-1\\2x_1-x_2-2x_3+2x_4=1\\x_1-7x_2-x_3+4x_4=2\end{cases}$

(3) $\begin{cases}3x_1-2x_2-x_3+x_4=8\\x_1+x_2+x_3-5x_4=-1\\-2x_1+3x_2+x_3=4\end{cases}$　　(4) $\begin{cases}x_1+x_2=a_1\\x_3+x_4=a_2\\x_1+x_3=b_1\\x_2+x_4=b_2\end{cases}$，其中 $a_1+a_2=b_1+b_2$

2. 试判断下列齐次线性方程组解的情况，若有解，则求出其通解.

(1) $\begin{cases}x_1+2x_2+2x_3=0\\x_1+3x_2+3x_3=0\\x_2+x_3=0\end{cases}$　　(2) $\begin{cases}x_1-x_2-x_3+x_4=0\\x_1-x_2+x_3-3x_4=0\\x_1-x_2-2x_3+3x_4=0\end{cases}$

(3) $\begin{cases}2x_1+x_2+x_3+x_4=0\\x_2+2x_3+x_4=0\end{cases}$　　(4) $x_1+x_2+x_3+x_4=0$

3. 试求当 λ 为何值时非齐次线性方程组

$$\begin{cases}\lambda x_1+x_2+x_3=1\\x_1+\lambda x_2+x_3=1\\x_1+x_2+\lambda x_3=1\end{cases}$$

(1) 有唯一解；(2) 有无穷多解；(3) 无解.

4.试求 a,b 为何值时非齐次线性方程组

$$\begin{cases}x+y+z=1\\2x+(a+3)y-3z=3\\-2x+(a-1)y+bz=a-1\end{cases}$$

(1) 有唯一解;(2) 有无穷多解;(3) 无解.

5.设向量 $\boldsymbol{\alpha}=(3,5,-1),\boldsymbol{\beta}=(2,4,-1)$,试求 $3\boldsymbol{\alpha}+5\boldsymbol{\beta}$.

6.设向量 $\boldsymbol{\alpha}_1=(-1,1,3),\boldsymbol{\alpha}_2=(2,1,-1),\boldsymbol{\alpha}$ 满足 $3\boldsymbol{\alpha}+\boldsymbol{\alpha}_1=2(\boldsymbol{\alpha}+\boldsymbol{\alpha}_2)$,试求 $\boldsymbol{\alpha}$.

7.设向量 $\boldsymbol{\alpha}_1=(-1,4),\boldsymbol{\alpha}_2=(1,2),\boldsymbol{\alpha}_3=(4,11)$,数 a,b 满足 $a\boldsymbol{\alpha}_1-b\boldsymbol{\alpha}_2-\boldsymbol{\alpha}_3=\mathbf{0}$,试求 a,b.

8.已知 $\boldsymbol{\alpha}_1=(1,3,-2,7),\boldsymbol{\alpha}_2=(1,-9,-1,1),\boldsymbol{\alpha}_3=(0,2,3,-5)$,试求以下列各组数为系数的线性组合 $k_1\boldsymbol{\alpha}_1+k_2\boldsymbol{\alpha}_2+k_3\boldsymbol{\alpha}_3$:

(1)$k_1=2,k_2=-1,k_3=-3$;

(2)$k_1=0,k_2=0,k_3=0$.

9.已知向量组 $A:\boldsymbol{\alpha}_1=(1,2,1,2)^{\mathrm{T}},\boldsymbol{\alpha}_2=(1,0,3,1)^{\mathrm{T}},\boldsymbol{\alpha}_3=(2,-1,0,1)^{\mathrm{T}}$,向量 $\boldsymbol{\beta}=(2,1,-2,2)^{\mathrm{T}}$,试判断向量 $\boldsymbol{\beta}$ 是否可由向量组 A 线性表示,若可以试求出表达式,若不可以说明理由.

10.试证明向量组 $A:\boldsymbol{\alpha}_1,\boldsymbol{\alpha}_2,\cdots,\boldsymbol{\alpha}_m$ 中任一向量 $\boldsymbol{\alpha}_i$ 可由向量组 A 线性表示.

11.设 $\boldsymbol{\alpha}_1=(1+x,1,1),\boldsymbol{\alpha}_2=(1,1+x,1),\boldsymbol{\alpha}_3=(1,1,1+x),\boldsymbol{\beta}=(0,x,x^2)$,试求 x 取何值时

(1)$\boldsymbol{\beta}$ 可由 $\boldsymbol{\alpha}_1,\boldsymbol{\alpha}_2,\boldsymbol{\alpha}_3$ 线性表示;

(2)$\boldsymbol{\beta}$ 不可由 $\boldsymbol{\alpha}_1,\boldsymbol{\alpha}_2,\boldsymbol{\alpha}_3$ 线性表示.

12.试证向量组 $A:\boldsymbol{\alpha}_1=(1,0,-1)^{\mathrm{T}},\boldsymbol{\alpha}_2=(2,-3,-2)^{\mathrm{T}},\boldsymbol{\alpha}_3=(-2,3,-1)^{\mathrm{T}}$ 与向量组 $B:\boldsymbol{\beta}_1=(1,0,-3)^{\mathrm{T}},\boldsymbol{\beta}_2=(-2,-3,-4)^{\mathrm{T}},\boldsymbol{\beta}_3=(1,2,0)^{\mathrm{T}}$ 等价.

13.设向量组 $A:\boldsymbol{\alpha}_1=(1,0,2)^{\mathrm{T}},\boldsymbol{\alpha}_2=(1,1,3)^{\mathrm{T}},\boldsymbol{\alpha}_3=(1,-1,a+2)^{\mathrm{T}}$ 和向量组 $B:\boldsymbol{\beta}_1=(1,2,a+3)^{\mathrm{T}},\boldsymbol{\beta}_2=(2,1,a+6)^{\mathrm{T}},\boldsymbol{\beta}_3=(2,1,a+4)^{\mathrm{T}}$,试求:当 a 为何值时,向量组 A 与 B 等价?当 a 为何值时,向量组 A 与 B 不等价?

14.试确定常数 a,使得向量组 $A:\boldsymbol{\alpha}_1=(1,1,a)^{\mathrm{T}},\boldsymbol{\alpha}_2=(1,a,1)^{\mathrm{T}},\boldsymbol{\alpha}_3=(a,1,1)^{\mathrm{T}}$ 能由向量组 $B:\boldsymbol{\beta}_1=(1,1,a)^{\mathrm{T}},\boldsymbol{\beta}_2=(-2,a,4)^{\mathrm{T}},\boldsymbol{\beta}_3=(-2,a,a)^{\mathrm{T}}$ 线性表示,但向量组 B 不能由 A 线性表示.

15.设向量组 $\boldsymbol{\alpha}_1,\boldsymbol{\alpha}_2,\cdots,\boldsymbol{\alpha}_m$ 与 $\boldsymbol{\beta}_1,\boldsymbol{\beta}_2,\cdots,\boldsymbol{\beta}_m$ 有如下关系:

$$\begin{cases}\boldsymbol{\beta}_1=\boldsymbol{\alpha}_1\\\boldsymbol{\beta}_2=\boldsymbol{\alpha}_1+\boldsymbol{\alpha}_2\\\quad\vdots\\\boldsymbol{\beta}_m=\boldsymbol{\alpha}_1+\boldsymbol{\alpha}_2+\cdots+\boldsymbol{\alpha}_m\end{cases}$$

试证:$\boldsymbol{\alpha}_1,\boldsymbol{\alpha}_2,\cdots,\boldsymbol{\alpha}_m$ 与 $\boldsymbol{\beta}_1,\boldsymbol{\beta}_2,\cdots,\boldsymbol{\beta}_m$ 等价.

16.试判断下列向量组的线性相关性:

(1)$\boldsymbol{\alpha}_1=(2,4,-1)$;

(2)$\boldsymbol{\alpha}_1=(1,2,-1),\boldsymbol{\alpha}_2=(2,4,-2)$;

(3)$\boldsymbol{\alpha}_1=(2,4,-1),\boldsymbol{\alpha}_2=(3,7,-4),\boldsymbol{\alpha}_3=(1,3,-3)$；

(4)$\boldsymbol{\alpha}_1=(1,1,0,1),\boldsymbol{\alpha}_2=(0,0,0,1),\boldsymbol{\alpha}_3=(-1,0,1,2)$；

(5)$\boldsymbol{\alpha}_1=(-1,2,1),\boldsymbol{\alpha}_2=(3,2,1)$.

17. 试证明若向量组 $\boldsymbol{\alpha}_1,\boldsymbol{\alpha}_2,\cdots,\boldsymbol{\alpha}_m$ 线性相关，则其中至少含有一个向量可由其他向量线性表示.

18. 已知向量组 $\boldsymbol{\alpha}_1,\boldsymbol{\alpha}_2,\boldsymbol{\alpha}_3,\boldsymbol{\alpha}_4$，试证 $\boldsymbol{\alpha}_1+\boldsymbol{\alpha}_2,\boldsymbol{\alpha}_2+\boldsymbol{\alpha}_3,\boldsymbol{\alpha}_3+\boldsymbol{\alpha}_4,\boldsymbol{\alpha}_4+\boldsymbol{\alpha}_1$ 线性相关.

19. 试求下列向量组的秩，并求出它的一组最大线性无关组.

(1)$\boldsymbol{\alpha}_1=(1,-1,2),\boldsymbol{\alpha}_2=(2,-2,3),\boldsymbol{\alpha}_3=(3,-3,5)$；

(2)$\boldsymbol{\alpha}_1=(0,0,0),\boldsymbol{\alpha}_2=(1,-1,2),\boldsymbol{\alpha}_3=(2,-2,4)$；

(3)$\boldsymbol{\alpha}_1=(1,1,1,1),\boldsymbol{\alpha}_2=(1,1,-1,-1),\boldsymbol{\alpha}_3=(1,-1,1,-1),\boldsymbol{\alpha}_4=(1,-1,-1,1)$.

20. 已知矩阵

$$\boldsymbol{A}=\begin{bmatrix}3&2&-1&-3&-1\\2&-1&3&1&-3\\7&0&5&-1&8\end{bmatrix}$$

试求矩阵 $\boldsymbol{A}$ 所对应的列向量组 A 的秩、最大线性无关组以及其他向量由最大线性无关组线性表示的表达式.

21. 试求 a 为何值时，向量 $\boldsymbol{\alpha}_1=(3,a,0),\boldsymbol{\alpha}_2=(a,1,2),\boldsymbol{\alpha}_3=(1,-2,1),\boldsymbol{\alpha}_4=(-2,4,-2)$ 的秩为 3.

22. 已知 n 维单位坐标向量组 $\boldsymbol{\varepsilon}_1,\boldsymbol{\varepsilon}_2,\cdots,\boldsymbol{\varepsilon}_n$ 可由 n 维向量组 $\boldsymbol{\alpha}_1,\boldsymbol{\alpha}_2,\cdots,\boldsymbol{\alpha}_n$ 线性表示，试证 $\boldsymbol{\alpha}_1,\boldsymbol{\alpha}_2,\cdots,\boldsymbol{\alpha}_n$ 线性无关.

23. 已知向量组 B 可由向量组 A 线性表示，且有 $R_A=R_B$，试证向量组 A 与向量组 B 等价.

*24. 设

$$V_1=\{\boldsymbol{x}=(x_1,x_2,\cdots,x_n)^{\mathrm{T}}\mid x_1,\cdots,x_n\in\mathbf{R}\text{ 满足 }x_1+\cdots+x_n=0\}$$

$$V_2=\{\boldsymbol{x}=(x_1,x_2,\cdots,x_n)^{\mathrm{T}}\mid x_1,\cdots,x_n\in\mathbf{R}\text{ 满足 }x_1+\cdots+x_n=1\}$$

试判断 V_1,V_2 是否为向量空间.

*25. 由 $\boldsymbol{\alpha}_1=(1,1,0,0)^{\mathrm{T}},\boldsymbol{\alpha}_2=(1,0,1,0)^{\mathrm{T}}$ 所生成的向量空间记作 L_1，由 $\boldsymbol{\beta}_1=(2,-1,3,3)^{\mathrm{T}},\boldsymbol{\beta}_2=(0,1,-1,-1)^{\mathrm{T}}$ 所生成的向量空间记作 L_2，试证 $L_1=L_2$.

26. 已知向量组 $\boldsymbol{\alpha}_1=(1,0,1),\boldsymbol{\alpha}_2=(0,0,-1),\boldsymbol{\alpha}_3=(2,1,1)$，

(1) 试证 $\boldsymbol{\alpha}_1,\boldsymbol{\alpha}_2,\boldsymbol{\alpha}_3$ 线性无关；

*(2) 试证 $\boldsymbol{\alpha}_1,\boldsymbol{\alpha}_2,\boldsymbol{\alpha}_3$ 是 $\mathbf{R}^3$ 的一组基；

*(3) 试求向量 $\boldsymbol{\alpha}=(-1,-1,4)$ 在 $\boldsymbol{\alpha}_1,\boldsymbol{\alpha}_2,\boldsymbol{\alpha}_3$ 下的坐标.

*27. 已知 $\mathbf{R}^3$ 的两组基 $\boldsymbol{\alpha}_1,\boldsymbol{\alpha}_2,\boldsymbol{\alpha}_3$ 和 $\boldsymbol{\beta}_1,\boldsymbol{\beta}_2,\boldsymbol{\beta}_3$ 满足

$$\begin{cases}\boldsymbol{\beta}_1=2\boldsymbol{\alpha}_1-\boldsymbol{\alpha}_2\\\boldsymbol{\beta}_2=\boldsymbol{\alpha}_2+\boldsymbol{\alpha}_3\\\boldsymbol{\beta}_3=\boldsymbol{\alpha}_1+\boldsymbol{\alpha}_3\end{cases}$$

(1) 试求由 $\boldsymbol{\alpha}_1,\boldsymbol{\alpha}_2,\boldsymbol{\alpha}_3$ 到 $\boldsymbol{\beta}_1,\boldsymbol{\beta}_2,\boldsymbol{\beta}_3$ 的过渡矩阵；

(2) 试求由 $\boldsymbol{\beta}_1,\boldsymbol{\beta}_2,\boldsymbol{\beta}_3$ 到 $\boldsymbol{\alpha}_1,\boldsymbol{\alpha}_2,\boldsymbol{\alpha}_3$ 的过渡矩阵.

28. 试求 2 题中齐次线性方程组的一组基础解系,并给出通解.

29. 设三元非齐次线性方程组的系数矩阵 $\mathbf{A}$ 的秩为 1,已知 $\boldsymbol{\alpha}_1,\boldsymbol{\alpha}_2,\boldsymbol{\alpha}_3$ 是它的三个解向量,$\boldsymbol{\alpha}_1=(1,2,3)^{\mathrm{T}}$,$\boldsymbol{\alpha}_2=(2,-1,1)^{\mathrm{T}}$,$\boldsymbol{\alpha}_3=(0,2,0)^{\mathrm{T}}$,试求该非齐次线性方程组的通解.

30. 已知非齐次线性方程组系数矩阵的秩为 3,且非齐次线性方程组的三个解向量为 $\boldsymbol{x}_1,\boldsymbol{x}_2,\boldsymbol{x}_3$,试求该方程组的通解,其中 $\boldsymbol{x}_1=(4,3,2,0,1)^{\mathrm{T}}$,$\boldsymbol{x}_2=(2,1,1,4,0)^{\mathrm{T}}$,$\boldsymbol{x}_3=(2,8,1,1,1)^{\mathrm{T}}$.

31. 设非齐次线性方程组 $\mathbf{A}\boldsymbol{x}=\boldsymbol{b}$ 的系数矩阵的秩为 2,$\boldsymbol{\alpha}_1,\boldsymbol{\alpha}_2$ 是该方程组的两个解,且有 $\boldsymbol{\alpha}_1+\boldsymbol{\alpha}_2=(1,3,0)^{\mathrm{T}}$,$2\boldsymbol{\alpha}_1+3\boldsymbol{\alpha}_2=(2,5,1)^{\mathrm{T}}$,试求该方程组的通解.

32. 设线性方程组

$$\begin{cases}x_1+ax_2+a^2x_3=a^3\\x_1+bx_2+b^2x_3=b^3\\x_1+cx_2+c^2x_3=c^3\\x_1+dx_2+d^2x_3=d^3\end{cases}$$

(1) 试证:若 a,b,c,d 两两不相等,则线性方程组无解.

(2) 若 $a=b=k,c=d=-k(k\neq 0)$,且 $\boldsymbol{\gamma}_1=(-1,3,0)^{\mathrm{T}}$,$\boldsymbol{\gamma}_2=(1,-2,5)^{\mathrm{T}}$ 为方程组的两个解,试求方程组的通解.

33. 已知向量 $\boldsymbol{\alpha}_1,\boldsymbol{\alpha}_2,\cdots,\boldsymbol{\alpha}_{n-r}$ 为 $\mathbf{A}_{m\times n}\boldsymbol{x}=\boldsymbol{b}$ 的 $n-r+1$ 个线性无关解,且 $r(\mathbf{A})=r$,试证 $\boldsymbol{\alpha}_1-\boldsymbol{\alpha}_0,\boldsymbol{\alpha}_2-\boldsymbol{\alpha}_0,\cdots,\boldsymbol{\alpha}_{n-r}-\boldsymbol{\alpha}_0$ 为 $\mathbf{A}\boldsymbol{x}=\mathbf{0}$ 的一组基础解系.

34. 设方程组

$$\begin{cases}-2x_1+x_2+ax_3-5x_4=1\\x_1+bx_2+x_3=2\\3x_1+x_2+x_3+2x_4=c\end{cases}\quad 与 \quad\begin{cases}x_1+x_4=1\\x_2-2x_4=2\\x_3+x_4=-1\end{cases}$$

是同解方程组,试求常数 a,b,c.

35. 证明:$R(\mathbf{A})=R(\mathbf{A}^{\mathrm{T}}\mathbf{A})$.

第 4 章 特征值及矩阵对角化

4.1 向量的内积,长度及正交变换

第 3 章中介绍了向量的线性运算 —— 向量加法、数乘、转置等. 在本节中,将针对向量的内积以及向量的长度等相关内容进行介绍.

定义 4.1 n 维列向量

$$\boldsymbol{\alpha}=\begin{bmatrix}a_1\\a_2\\\vdots\\a_n\end{bmatrix},\quad \boldsymbol{\beta}=\begin{bmatrix}b_1\\b_2\\\vdots\\b_n\end{bmatrix}$$

称数 $a_1b_1+a_2b_2+\cdots+a_nb_n$ 为向量 $\boldsymbol{\alpha}$ 和向量 $\boldsymbol{\beta}$ 的**内积**,记作$[\boldsymbol{\alpha},\boldsymbol{\beta}]=a_1b_1+a_2b_2+\cdots+a_nb_n$.

显然,$[\boldsymbol{\alpha},\boldsymbol{\beta}]=\boldsymbol{\alpha}^{\mathrm{T}}\boldsymbol{\beta}$. 当为行向量时,可以利用转置进行转化,从而得到相应结论.

内积是两个向量之间的一种运算,最终结果为一个数,根据向量的性质以及内积的定义可得到以下内积的运算性质:

(1)$[\boldsymbol{\alpha},\boldsymbol{\beta}]=[\boldsymbol{\beta},\boldsymbol{\alpha}]$;

(2)$k[\boldsymbol{\alpha},\boldsymbol{\beta}]=[k\boldsymbol{\alpha},\boldsymbol{\beta}]=[\boldsymbol{\alpha},k\boldsymbol{\beta}]$;

(3)$[\boldsymbol{\alpha}+\boldsymbol{\gamma},\boldsymbol{\beta}]=[\boldsymbol{\alpha},\boldsymbol{\beta}]+[\boldsymbol{\gamma},\boldsymbol{\beta}]$;$[\boldsymbol{\alpha},\boldsymbol{\beta}+\boldsymbol{\gamma}]=[\boldsymbol{\alpha},\boldsymbol{\beta}]+[\boldsymbol{\alpha},\boldsymbol{\gamma}]$;

(4) 当 $\boldsymbol{\alpha}=\mathbf{0}$ 时,$[\boldsymbol{\alpha},\boldsymbol{\alpha}]=0$;当 $\boldsymbol{\alpha}\neq\mathbf{0}$ 时,$[\boldsymbol{\alpha},\boldsymbol{\alpha}]>0$;

(5) 施瓦茨不等式(Schwarz 不等式)$[\boldsymbol{\alpha},\boldsymbol{\beta}]^2\leqslant[\boldsymbol{\alpha},\boldsymbol{\alpha}]\cdot[\boldsymbol{\beta},\boldsymbol{\beta}]$.

其中向量 $\boldsymbol{\alpha},\boldsymbol{\beta},\boldsymbol{\gamma}$ 为同维同型向量,$k\in\mathbf{R}$.

例 4.1 已知向量

$$\boldsymbol{\alpha}=\begin{bmatrix}1\\2\\3\\4\end{bmatrix},\quad \boldsymbol{\beta}=\begin{bmatrix}2\\-1\\1\\1\end{bmatrix}$$

试求$[\boldsymbol{\alpha},\boldsymbol{\beta}]$,$[4\boldsymbol{\alpha},\boldsymbol{\beta}]$,$[\boldsymbol{\alpha}+\boldsymbol{\beta},\boldsymbol{\beta}]$.

解

$$[\boldsymbol{\alpha},\boldsymbol{\beta}]=1\times2+2\times(-1)+3\times1+4\times1=7$$

$$[4\boldsymbol{\alpha},\boldsymbol{\beta}]=4[\boldsymbol{\alpha},\boldsymbol{\beta}]=4\times7=28$$

$$[\boldsymbol{\alpha}+\boldsymbol{\beta},\boldsymbol{\beta}]=[\boldsymbol{\alpha},\boldsymbol{\beta}]+[\boldsymbol{\beta},\boldsymbol{\beta}]=7+2^2+(-1)^2+1^2+1^2=14$$

定义 4.2 如定义 4.1 中向量 $\boldsymbol{\alpha}$，称 $\sqrt{(a_1^2+a_2^2+\cdots+a_n^2)}$ 为 n 维向量 $\boldsymbol{\alpha}$ 的**长度**(或范数)，记作

$$\|\boldsymbol{\alpha}\|=\sqrt{(a_1^2+a_2^2+\cdots+a_n^2)}=\sqrt{[\boldsymbol{\alpha},\boldsymbol{\alpha}]}$$

特别地，当 $\|\boldsymbol{\alpha}\|=1$ 时，称 n 维向量 $\boldsymbol{\alpha}$ 为**单位向量**.

根据向量的性质以及长度的定义，可得到以下结论：

(1) 当 $\boldsymbol{\alpha}=\mathbf{0}$ 时，$\|\boldsymbol{\alpha}\|=0$；当 $\boldsymbol{\alpha}\neq\mathbf{0}$ 时，$\|\boldsymbol{\alpha}\|>0$；

(2) $\|k\boldsymbol{\alpha}\|=|k|\cdot\|\boldsymbol{\alpha}\|$；

(3) $\|\boldsymbol{\alpha}+\boldsymbol{\beta}\|\leqslant\|\boldsymbol{\alpha}\|+\|\boldsymbol{\beta}\|$.

例 4.2 已知向量

$$\boldsymbol{\alpha}=\begin{bmatrix}1\\2\\3\\4\end{bmatrix},\quad \boldsymbol{\beta}=\begin{bmatrix}2\\-1\\1\\1\end{bmatrix}$$

试求 $\|\boldsymbol{\alpha}\|$，$\|-5\boldsymbol{\alpha}\|$，$\|\boldsymbol{\alpha}+\boldsymbol{\beta}\|$，$\left\|\dfrac{\boldsymbol{\alpha}}{\|\boldsymbol{\alpha}\|}\right\|$.

解

$$\|\boldsymbol{\alpha}\|=\sqrt{[\boldsymbol{\alpha},\boldsymbol{\alpha}]}=\sqrt{(1^2+2^2+3^2+4^2)}=\sqrt{30}$$

$$\|-5\boldsymbol{\alpha}\|=|-5|\times\|\boldsymbol{\alpha}\|=5\times\sqrt{30}=5\sqrt{30}$$

$$\boldsymbol{\alpha}+\boldsymbol{\beta}=(3,1,4,5)^{\mathrm{T}}$$

$$\|\boldsymbol{\alpha}+\boldsymbol{\beta}\|=\sqrt{[\boldsymbol{\alpha}+\boldsymbol{\beta},\boldsymbol{\alpha}+\boldsymbol{\beta}]}=\sqrt{3^2+1^2+4^2+5^2}=\sqrt{51}$$

$$\left\|\frac{\boldsymbol{\alpha}}{\|\boldsymbol{\alpha}\|}\right\|=\sqrt{\left[\frac{\boldsymbol{\alpha}}{\|\boldsymbol{\alpha}\|},\frac{\boldsymbol{\alpha}}{\|\boldsymbol{\alpha}\|}\right]}=\sqrt{\frac{1}{\|\boldsymbol{\alpha}\|^2}[\boldsymbol{\alpha},\boldsymbol{\alpha}]}=\frac{\|\boldsymbol{\alpha}\|}{\|\boldsymbol{\alpha}\|}=1$$

对于任意非零向量 $\boldsymbol{\alpha}$，$\dfrac{\boldsymbol{\alpha}}{\|\boldsymbol{\alpha}\|}$ 都是一个单位向量，通常称 $\dfrac{\boldsymbol{\alpha}}{\|\boldsymbol{\alpha}\|}$ 这一过程为**向量单位化**.

定义 4.3 如定义 4.1 中向量 $\boldsymbol{\alpha}$ 与 $\boldsymbol{\beta}$，若向量 $\boldsymbol{\alpha}$ 与 $\boldsymbol{\beta}$ 均为非零向量，则称

$$\theta=\arccos\frac{[\boldsymbol{\alpha},\boldsymbol{\beta}]}{\|\boldsymbol{\alpha}\|\cdot\|\boldsymbol{\beta}\|}\quad(0\leqslant\theta\leqslant\pi)$$

为向量 $\boldsymbol{\alpha}$ 与 $\boldsymbol{\beta}$ 的**夹角**.

当非零同维向量 $\boldsymbol{\alpha}$ 与 $\boldsymbol{\beta}$ 夹角为 $\dfrac{\pi}{2}$，即 $[\boldsymbol{\alpha},\boldsymbol{\beta}]=0$ 时，称向量 $\boldsymbol{\alpha}$ 与 $\boldsymbol{\beta}$ **相互正交**；特别地，定义零向量和任意同维向量的夹角为任意角.

例 4.3 已知向量

(1) $\boldsymbol{\alpha}=(1,2,1)^{\mathrm{T}}$，$\boldsymbol{\beta}=(2,4,2)^{\mathrm{T}}$

(2) $\boldsymbol{\alpha}=(3,\sqrt{3},0)^{\mathrm{T}}$，$\boldsymbol{\beta}=(1,0,\sqrt{2})^{\mathrm{T}}$

(3) $\boldsymbol{\alpha}=(1,1,1)^{\mathrm{T}}$，$\boldsymbol{\beta}=(-2,1,1)^{\mathrm{T}}$

试求 $\boldsymbol{\alpha}$ 与 $\boldsymbol{\beta}$ 的夹角.

解 (1) $[\boldsymbol{\alpha},\boldsymbol{\beta}]=12$，$\|\boldsymbol{\alpha}\|\cdot\|\boldsymbol{\beta}\|=12$，则 $\theta=\arccos\dfrac{[\boldsymbol{\alpha},\boldsymbol{\beta}]}{\|\boldsymbol{\alpha}\|\cdot\|\boldsymbol{\beta}\|}=\arccos 1=0$

(2) $[\boldsymbol{\alpha},\boldsymbol{\beta}]=3$，$\|\boldsymbol{\alpha}\|\cdot\|\boldsymbol{\beta}\|=6$，则 $\theta=\arccos\dfrac{[\boldsymbol{\alpha},\boldsymbol{\beta}]}{\|\boldsymbol{\alpha}\|\cdot\|\boldsymbol{\beta}\|}=\arccos\dfrac{1}{2}=\dfrac{\pi}{3}$

(3) $[\boldsymbol{\alpha},\boldsymbol{\beta}]=0$，则 $\theta=\arccos\dfrac{[\boldsymbol{\alpha},\boldsymbol{\beta}]}{\|\boldsymbol{\alpha}\|\cdot\|\boldsymbol{\beta}\|}=\arccos 0=\dfrac{\pi}{2}$

定义 4.4　若一向量组 $\boldsymbol{\alpha}_1,\boldsymbol{\alpha}_2,\cdots,\boldsymbol{\alpha}_m$ 为非零向量组，且满足任取两个向量都有

$$[\boldsymbol{\alpha}_i,\boldsymbol{\alpha}_j]=0$$

其中

$$i\neq j;\quad i=1,2,\cdots,m;\quad j=1,2,\cdots,m$$

则称向量组 $\boldsymbol{\alpha}_1,\boldsymbol{\alpha}_2,\cdots,\boldsymbol{\alpha}_m$ 为**正交向量组**.

例 4.4　已知向量 $\boldsymbol{\alpha}_1=\begin{bmatrix}1\\1\\1\end{bmatrix}$，$\boldsymbol{\alpha}_2=\begin{bmatrix}-2\\1\\1\end{bmatrix}$ 正交，试求向量 $\boldsymbol{\alpha}_3$，使得 $\boldsymbol{\alpha}_1,\boldsymbol{\alpha}_2,\boldsymbol{\alpha}_3$ 构成一组正交向量组.

解　设 $\boldsymbol{\alpha}_3=(x_1,x_2,x_3)^{\mathrm{T}}\neq\boldsymbol{0}$，由 $\boldsymbol{\alpha}_3$ 与 $\boldsymbol{\alpha}_1,\boldsymbol{\alpha}_2$ 正交，即 $[\boldsymbol{\alpha}_1,\boldsymbol{\alpha}_3]=0$，$[\boldsymbol{\alpha}_2,\boldsymbol{\alpha}_3]=0$，得

$$\begin{cases}x_1+x_2+x_3=0\\-2x_1+x_2+x_3=0\end{cases}\tag{1}$$

解得

$$\begin{cases}x_1=0\\x_2+x_3=0\end{cases}\tag{2}$$

取 $x_3=1$ 则得到满足条件的一个非零向量 $\boldsymbol{\alpha}_3=(0,-1,1)^{\mathrm{T}}$.

定理 4.1　若向量组 $\boldsymbol{\alpha}_1,\boldsymbol{\alpha}_2,\cdots,\boldsymbol{\alpha}_m$ 为正交向量组，则向量组 $\boldsymbol{\alpha}_1,\boldsymbol{\alpha}_2,\cdots,\boldsymbol{\alpha}_m$ 线性无关.

证明　设存在一组数 $k_1,k_2,\cdots,k_m$ 使得以下等式成立

$$k_1\boldsymbol{\alpha}_1+k_2\boldsymbol{\alpha}_2+\cdots+k_m\boldsymbol{\alpha}_m=\boldsymbol{0}\tag{3}$$

对式(3)左右两边分别与 $\boldsymbol{\alpha}_i$ 作内积，结合正交向量组的性质有

$$k_i[\boldsymbol{\alpha}_i,\boldsymbol{\alpha}_i]=0\quad(i=1,2,\cdots,m)\tag{4}$$

由 $\boldsymbol{\alpha}_i\neq\boldsymbol{0}$，则 $[\boldsymbol{\alpha}_i,\boldsymbol{\alpha}_i]>0$，则必有 $k_i=0,i=1,2,\cdots,m$.
即有向量组 $\boldsymbol{\alpha}_1,\boldsymbol{\alpha}_2,\cdots,\boldsymbol{\alpha}_m$ 线性无关.

定理得证.

显然由含有 n 个 n 维列向量组成的正交向量组 $\boldsymbol{\alpha}_1,\boldsymbol{\alpha}_2,\cdots,\boldsymbol{\alpha}_m$ 所确定的矩阵 $\boldsymbol{A}=[\boldsymbol{\alpha}_1,\boldsymbol{\alpha}_2,\cdots,\boldsymbol{\alpha}_n]$，满足等式 $\boldsymbol{A}^{\mathrm{T}}\boldsymbol{A}=\boldsymbol{E}$，则知 $\boldsymbol{A}$ 可逆，且有 $\boldsymbol{A}^{\mathrm{T}}=\boldsymbol{A}^{-1}$.

定义 4.5　若 n 阶方阵 $\boldsymbol{A}$ 满足以下等式

$$\boldsymbol{A}^{\mathrm{T}}\boldsymbol{A}=\boldsymbol{E}\quad 或\quad \boldsymbol{A}^{\mathrm{T}}=\boldsymbol{A}^{-1}$$

则称矩阵 $\boldsymbol{A}$ 为**正交矩阵**.

结合矩阵的性质以及正交矩阵的定义，可得到以下结论：

(1) 若 $\boldsymbol{A}$ 为 n 阶正交矩阵，则有 $|\boldsymbol{A}|=\pm 1$；

(2) 若同阶矩阵 $\boldsymbol{A},\boldsymbol{B}$ 为正交矩阵，则 $\boldsymbol{AB}$ 必为正交矩阵.

正交矩阵具有很好的性质，怎样将一般矩阵与正交矩阵建立联系，这里给出一种方法 —— 施密特正交化.

下面不加证明地给出以下定理.

定理 4.2　设向量组 $\boldsymbol{\alpha}_1,\boldsymbol{\alpha}_2,\cdots,\boldsymbol{\alpha}_m$ 是线性无关的，且通过以下计算

$\boldsymbol{\beta}_1=\boldsymbol{\alpha}_1$;

$\boldsymbol{\beta}_2=\boldsymbol{\alpha}_2-\dfrac{[\boldsymbol{\beta}_1,\boldsymbol{\alpha}_2]}{[\boldsymbol{\beta}_1,\boldsymbol{\beta}_1]}\boldsymbol{\beta}_1$;

……

$\boldsymbol{\beta}_m=\boldsymbol{\alpha}_m-\dfrac{[\boldsymbol{\beta}_1,\boldsymbol{\alpha}_m]}{[\boldsymbol{\beta}_1,\boldsymbol{\beta}_1]}\boldsymbol{\beta}_1-\dfrac{[\boldsymbol{\beta}_2,\boldsymbol{\alpha}_m]}{[\boldsymbol{\beta}_2,\boldsymbol{\beta}_2]}\boldsymbol{\beta}_2-\cdots-\dfrac{[\boldsymbol{\beta}_{m-1},\boldsymbol{\alpha}_m]}{[\boldsymbol{\beta}_{m-1},\boldsymbol{\beta}_{m-1}]}\boldsymbol{\beta}_{m-1}$

则向量组 $\boldsymbol{\beta}_1,\boldsymbol{\beta}_2,\cdots,\boldsymbol{\beta}_m$ 为正交向量组且向量组 $\boldsymbol{\alpha}_1,\boldsymbol{\alpha}_2,\cdots,\boldsymbol{\alpha}_m$ 与 $\boldsymbol{\beta}_1,\boldsymbol{\beta}_2,\cdots,\boldsymbol{\beta}_m$ 等价.

定理中的计算过程称为**施密特(Schmidt)正交化过程**.进一步对 $\boldsymbol{\beta}_1,\boldsymbol{\beta}_2,\cdots,\boldsymbol{\beta}_m$ 进行单位化,得到一组新的向量组 $\boldsymbol{\varepsilon}_1,\boldsymbol{\varepsilon}_2,\cdots,\boldsymbol{\varepsilon}_m$,其中

$$\boldsymbol{\varepsilon}_i=\frac{\boldsymbol{\beta}_i}{\|\boldsymbol{\beta}_i\|}\quad(i=1,2,\cdots,m)$$

则称向量组 $\boldsymbol{\varepsilon}_1,\boldsymbol{\varepsilon}_2,\cdots,\boldsymbol{\varepsilon}_m$ 为标准正交向量组,这一过程称为**标准正交化**.由标准正交向量组所构成的方阵为正交矩阵.

例 4.5 已知向量组 $\boldsymbol{\alpha}_1=(1,1,0)^{\mathrm{T}},\boldsymbol{\alpha}_2=(0,1,1)^{\mathrm{T}},\boldsymbol{\alpha}_3=(1,1,1)^{\mathrm{T}}$,试求一组与其等价的正交向量组.

解

$$\boldsymbol{\beta}_1=\boldsymbol{\alpha}_1=(1,1,0)^{\mathrm{T}}$$

$$\boldsymbol{\beta}_2=\boldsymbol{\alpha}_2-\frac{[\boldsymbol{\beta}_1,\boldsymbol{\alpha}_2]}{[\boldsymbol{\beta}_1,\boldsymbol{\beta}_1]}\boldsymbol{\beta}_1=(0,1,1)^{\mathrm{T}}-\frac{1}{2}(1,1,0)^{\mathrm{T}}=\left(-\frac{1}{2},\frac{1}{2},1\right)^{\mathrm{T}}$$

$$\boldsymbol{\beta}_3=\boldsymbol{\alpha}_3-\frac{[\boldsymbol{\beta}_1,\boldsymbol{\alpha}_3]}{[\boldsymbol{\beta}_1,\boldsymbol{\beta}_1]}\boldsymbol{\beta}_1-\frac{[\boldsymbol{\beta}_2,\boldsymbol{\alpha}_3]}{[\boldsymbol{\beta}_2,\boldsymbol{\beta}_2]}\boldsymbol{\beta}_2=\left(\frac{1}{3},-\frac{1}{3},\frac{1}{3}\right)^{\mathrm{T}}$$

则 $\boldsymbol{\beta}_1,\boldsymbol{\beta}_2,\boldsymbol{\beta}_3$ 即是一组与 $\boldsymbol{\alpha}_1,\boldsymbol{\alpha}_2,\boldsymbol{\alpha}_3$ 等价的正交向量组.

若再对 $\boldsymbol{\beta}_1,\boldsymbol{\beta}_2,\boldsymbol{\beta}_3$ 进行单位化,则可得到标准正交向量组.

定义 4.6 向量空间 V 的一组基 $\boldsymbol{\alpha}_1,\boldsymbol{\alpha}_2,\cdots,\boldsymbol{\alpha}_m$,若 $\boldsymbol{\alpha}_1,\boldsymbol{\alpha}_2,\cdots,\boldsymbol{\alpha}_m$ 为正交向量组,则称 $\boldsymbol{\alpha}_1,\boldsymbol{\alpha}_2,\cdots,\boldsymbol{\alpha}_m$ 为向量空间 V 的**正交基**;若 $\boldsymbol{\alpha}_1,\boldsymbol{\alpha}_2,\cdots,\boldsymbol{\alpha}_m$ 为标准正交向量组,则称 $\boldsymbol{\alpha}_1,\boldsymbol{\alpha}_2,\cdots,\boldsymbol{\alpha}_m$ 为向量空间的**标准正交基**.

4.2 方阵的特征值与特征向量

对于一个方阵 $\boldsymbol{A}$,一个非零向量 $\boldsymbol{x}$,一个实数 λ,若存在等式 $\boldsymbol{Ax}=\lambda\boldsymbol{x}$,则可以理解为矩阵 $\boldsymbol{A}$ 作用在向量 $\boldsymbol{x}$ 上,所得到的新向量与 $\boldsymbol{x}$ 平行;也可以理解为矩阵 $\boldsymbol{A}$ 将向量 $\boldsymbol{x}$ 扩大了 λ 倍.称 λ 为矩阵 $\boldsymbol{A}$ 的特征值,$\boldsymbol{x}$ 为 $\boldsymbol{A}$ 属于特征值 λ 的特征向量.在本节中,将针对特征值、特征向量的相关知识进行介绍.

定义 4.7 若 n 阶方阵 $\boldsymbol{A}$,n 维非零向量 $\boldsymbol{x}$,以及 $\lambda\in\mathbf{R}$,满足等式

$$\boldsymbol{Ax}=\lambda\boldsymbol{x}\tag{5}$$

则称 λ 为 n 阶方阵 $\boldsymbol{A}$ 的**特征值**,称非零向量 $\boldsymbol{x}$ 为 n 阶方阵 $\boldsymbol{A}$ 属于特征值 λ 的**特征向量**.

对式(5)进行整理

$$(\boldsymbol{A}-\lambda\boldsymbol{E})\boldsymbol{x}=\mathbf{0}\tag{6}$$

且由定义 4.7 知式(6)中 $\boldsymbol{x}$ 为非零向量,即齐次线性方程组(6)有非零解,则有

$$R(\boldsymbol{A}-\lambda\boldsymbol{E})<n \tag{7}$$

即

$$|\boldsymbol{A}-\lambda\boldsymbol{E}|=0 \tag{8}$$

称 $|\boldsymbol{A}-\lambda\boldsymbol{E}|$ 为矩阵 $\boldsymbol{A}$ 的**特征多项式**. 通过求解式(8)这一关于 λ 的一元方程，可以得到 n 阶方阵 $\boldsymbol{A}$ 的特征值. 将所得特征值代入式(6)并求解方程组(6)的非零解，即得到 n 阶方阵 $\boldsymbol{A}$ 属于特征值 λ 的特征向量. 由特征多项式以及特征值的相应概念可知，特征多项式相同的矩阵必有相同的特征值.

例 4.6　已知矩阵

$$\boldsymbol{A}=\begin{bmatrix}1&2&3\\2&1&3\\3&3&6\end{bmatrix}$$

试求其特征值及特征向量.

解

$$|\boldsymbol{A}-\lambda\boldsymbol{E}|=\begin{vmatrix}1-\lambda&2&3\\2&1-\lambda&3\\3&3&6-\lambda\end{vmatrix}=(1+\lambda)\begin{vmatrix}-1&2&3\\0&3-\lambda&6\\0&3&6-\lambda\end{vmatrix}=$$
$$-\lambda(\lambda+1)(\lambda-9)$$

则矩阵 $\boldsymbol{A}$ 的特征值为 $\lambda_1=0,\lambda_2=-1,\lambda_3=9$.

当 $\lambda_1=0$ 时，解方程组 $\boldsymbol{A}\boldsymbol{x}=\boldsymbol{0}$，由

$$\boldsymbol{A}=\begin{bmatrix}1&2&3\\2&1&3\\3&3&6\end{bmatrix}\xrightarrow{r}\begin{bmatrix}1&0&1\\0&1&1\\0&0&0\end{bmatrix}$$

得方程组 $\boldsymbol{A}\boldsymbol{x}=\boldsymbol{0}$ 的基础解系 $\boldsymbol{x}_1=(-1,-1,1)^{\mathrm{T}}$，则特征值 $\lambda_1=0$ 所对应的一个特征向量为 $\boldsymbol{x}_1=(-1,-1,1)^{\mathrm{T}}$.

当 $\lambda_2=-1$ 时，解方程组 $(\boldsymbol{A}+\boldsymbol{E})\boldsymbol{x}=\boldsymbol{0}$，由

$$\boldsymbol{A}+\boldsymbol{E}=\begin{bmatrix}2&2&3\\2&2&3\\3&3&7\end{bmatrix}\xrightarrow{r}\begin{bmatrix}1&1&0\\0&0&1\\0&0&0\end{bmatrix}$$

得方程组 $(\boldsymbol{A}+\boldsymbol{E})\boldsymbol{x}=\boldsymbol{0}$ 的基础解系 $\boldsymbol{x}_2=(-1,1,0)^{\mathrm{T}}$，则特征值 $\lambda_2=-1$ 所对应的一个特征向量为 $\boldsymbol{x}_2=(-1,1,0)^{\mathrm{T}}$.

当 $\lambda_3=9$ 时，解方程组 $(\boldsymbol{A}-9\boldsymbol{E})\boldsymbol{x}=\boldsymbol{0}$，由

$$\boldsymbol{A}-9\boldsymbol{E}=\begin{bmatrix}-8&2&3\\2&-8&3\\3&3&-3\end{bmatrix}\xrightarrow{r}\begin{bmatrix}1&0&-\frac{1}{2}\\0&1&-\frac{1}{2}\\0&0&0\end{bmatrix}$$

得方程组 $(\boldsymbol{A}-9\boldsymbol{E})\boldsymbol{x}=\boldsymbol{0}$ 的基础解系 $\boldsymbol{x}_3=(1,1,2)^{\mathrm{T}}$，则特征值 $\lambda_3=9$ 所对应的一个特征向量为 $\boldsymbol{x}_3=(1,1,2)^{\mathrm{T}}$.

若所求为全部特征向量，则取方程的通解. 如：$\lambda_1=0$ 所对应的全部特征向量为 $\boldsymbol{x}_1=c_1(-1,-1,1)^{\mathrm{T}}$（其中 c_1 为任意非零常数）.

例 4.7 已知矩阵

$$\boldsymbol{A}=\begin{bmatrix}3&2&2\\2&3&2\\2&2&3\end{bmatrix}$$

试求其特征值及特征向量.

解

$$|\boldsymbol{A}-\lambda\boldsymbol{E}|=\begin{vmatrix}3-\lambda&2&2\\2&3-\lambda&2\\2&2&3-\lambda\end{vmatrix}=(\lambda-1)(\lambda-7)\begin{vmatrix}1&1&1\\-2&\lambda-3&-2\\0&-1&1\end{vmatrix}=(\lambda-1)^2(\lambda-7)$$

则矩阵 $\boldsymbol{A}$ 的特征值为 $\lambda_1=\lambda_2=1,\lambda_3=7$.

当 $\lambda_1=\lambda_2=1$ 时，解方程组 $(\boldsymbol{A}-\boldsymbol{E})\boldsymbol{x}=\boldsymbol{0}$，由

$$\boldsymbol{A}-\boldsymbol{E}=\begin{bmatrix}2&2&2\\2&2&2\\2&2&2\end{bmatrix}\xrightarrow{r}\begin{bmatrix}1&1&1\\0&0&0\\0&0&0\end{bmatrix}$$

得方程组 $(\boldsymbol{A}-\boldsymbol{E})\boldsymbol{x}=\boldsymbol{0}$ 的基础解系 $\boldsymbol{x}_1=(-1,1,0)^{\mathrm{T}},\boldsymbol{x}_2=(-1,0,1)^{\mathrm{T}}$，则特征值 $\lambda_1=\lambda_2=1$ 所对应的特征向量为 $\boldsymbol{x}_1=(-1,1,0)^{\mathrm{T}},\boldsymbol{x}_2=(-1,0,1)^{\mathrm{T}}$.

当 $\lambda_3=7$ 时，解方程组 $(\boldsymbol{A}-7\boldsymbol{E})\boldsymbol{x}=\boldsymbol{0}$，由

$$\boldsymbol{A}-7\boldsymbol{E}=\begin{bmatrix}-4&2&2\\2&-4&2\\2&2&-4\end{bmatrix}\xrightarrow{r}\begin{bmatrix}1&0&-1\\0&1&-1\\0&0&0\end{bmatrix}$$

得方程组 $(\boldsymbol{A}-7\boldsymbol{E})\boldsymbol{x}=\boldsymbol{0}$ 的基础解系 $\boldsymbol{x}_3=(1,1,1)^{\mathrm{T}}$，则特征值 $\lambda_3=7$ 所对应的特征向量为 $\boldsymbol{x}_3=(1,1,1)^{\mathrm{T}}$.

例 4.8 已知矩阵

$$\boldsymbol{A}=\begin{bmatrix}3&-1&1\\2&0&1\\1&-1&2\end{bmatrix}$$

试求其特征值及特征向量.

解

$$|\boldsymbol{A}-\lambda\boldsymbol{E}|=\begin{vmatrix}3-\lambda&-1&1\\2&-\lambda&1\\1&-1&2-\lambda\end{vmatrix}=-(\lambda-1)(\lambda-2)^2$$

则矩阵 $\boldsymbol{A}$ 的特征值为 $\lambda_1=\lambda_2=2,\lambda_3=1$.

当 $\lambda_1=\lambda_2=2$ 时，解方程组 $(\boldsymbol{A}-2\boldsymbol{E})\boldsymbol{x}=0$，由

$$\boldsymbol{A}-2\boldsymbol{E}=\begin{bmatrix}1&-1&1\\2&-2&1\\1&-1&0\end{bmatrix}\xrightarrow{r}\begin{bmatrix}1&-1&0\\0&0&1\\0&0&0\end{bmatrix}$$

得方程组$(\boldsymbol{A}-2\boldsymbol{E})\boldsymbol{x}=0$的基础解系$\boldsymbol{x}_1=(1,1,0)^T$,则特征值$\lambda_1=\lambda_2=2$所对应的特征向量为$\boldsymbol{x}_1=(1,1,0)^T$.

当$\lambda_3=1$时,解方程组$(\boldsymbol{A}-\boldsymbol{E})\boldsymbol{x}=0$,由

$$\boldsymbol{A}-\boldsymbol{E}=\begin{bmatrix}2&-1&1\\2&-1&1\\1&-1&1\end{bmatrix}\xrightarrow{r}\begin{bmatrix}1&0&0\\0&1&-1\\0&0&0\end{bmatrix}$$

得方程组$(\boldsymbol{A}-\boldsymbol{E})\boldsymbol{x}=0$的基础解系$\boldsymbol{x}_3=(0,1,1)^T$,则特征值$\lambda_3=1$所对应的特征向量为$\boldsymbol{x}_3=(0,1,1)^T$.

例 4.9　已知矩阵

$$\boldsymbol{A}=\begin{bmatrix}2&0&0\\1&1&1\\1&-1&3\end{bmatrix}$$

试求其特征值及特征向量.

解

$$|\boldsymbol{A}-\lambda\boldsymbol{E}|=\begin{bmatrix}2-\lambda&0&0\\1&1-\lambda&1\\1&-1&3-\lambda\end{bmatrix}=(2-\lambda)^3$$

则矩阵$\boldsymbol{A}$的特征值为$\lambda_1=\lambda_2=\lambda_3=2$.

当$\lambda_1=\lambda_2=\lambda_3=2$时,解方程组$(\boldsymbol{A}-2\boldsymbol{E})\boldsymbol{x}=0$,由

$$\boldsymbol{A}-2\boldsymbol{E}=\begin{bmatrix}0&0&0\\1&-1&1\\1&-1&1\end{bmatrix}\xrightarrow{r}\begin{bmatrix}1&-1&1\\0&0&0\\0&0&0\end{bmatrix}$$

得方程组$(\boldsymbol{A}-2\boldsymbol{E})\boldsymbol{x}=0$的基础解系$\boldsymbol{x}_1=(1,1,0)^T,\boldsymbol{x}_2=(-1,0,1)^T$,则特征值$\lambda_1=\lambda_2=\lambda_3=2$所对应的特征向量为$\boldsymbol{x}_1=(1,1,0)^T,\boldsymbol{x}_2=(-1,0,1)^T$.

例 4.10　已知矩阵

$$\boldsymbol{A}=\begin{bmatrix}2&-1&2\\5&-3&3\\-1&0&-2\end{bmatrix}$$

试求其特征值及特征向量.

解

$$|\boldsymbol{A}-\lambda\boldsymbol{E}|=\begin{vmatrix}2-\lambda&-1&2\\5&-3-\lambda&3\\-1&0&-2-\lambda\end{vmatrix}=(\lambda+1)^3$$

则矩阵$\boldsymbol{A}$的特征值为$\lambda_1=\lambda_2=\lambda_3=-1$.

当$\lambda_1=\lambda_2=\lambda_3=-1$时,解方程组$(\boldsymbol{A}+\boldsymbol{E})\boldsymbol{x}=0$,由

$$\boldsymbol{A}+\boldsymbol{E}=\begin{bmatrix}3&-1&2\\5&-2&3\\-1&0&-1\end{bmatrix}\xrightarrow{r}\begin{bmatrix}1&0&1\\0&1&1\\0&0&0\end{bmatrix}$$

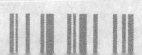

得方程组 $(\boldsymbol{A}+\boldsymbol{E})\boldsymbol{x}=0$ 的基础解系 $\boldsymbol{x}=(-1,-1,1)^{\mathrm{T}}$，则特征值 $\lambda_1=\lambda_2=\lambda_3=-1$ 所对应的特征向量为 $\boldsymbol{x}=(-1,-1,1)^{\mathrm{T}}$.

下面给出特征值和特征向量的性质：

性质 4.1 若 n 阶方阵 $\boldsymbol{A}=[a_{ij}]$ 的特征值为 $\lambda_1,\lambda_2,\cdots,\lambda_n$（重根按重数计算），则必有

$$\prod_{i=1}^{n}\lambda_i=|\boldsymbol{A}|$$

和

$$\sum_{i=1}^{n}\lambda_i=\sum_{i=1}^{n}a_{ii}=\mathrm{tr}(\boldsymbol{A})$$

其中 $\mathrm{tr}(\boldsymbol{A})$ 表示方阵 $\boldsymbol{A}$ 对角线元素之和，称为方阵 $\boldsymbol{A}$ 的迹.

性质 4.2 若 n 阶方阵 $\boldsymbol{A}=[a_{ij}]$ 的特征值为 $\lambda_1,\lambda_2,\cdots,\lambda_n$，则方阵 $\boldsymbol{A}$ 可逆的充分必要条件为 $\prod_{i=1}^{n}\lambda_i\neq 0$.

性质 4.3 n 阶方阵 $\boldsymbol{A}=[a_{ij}]$ 与 $\boldsymbol{A}^{\mathrm{T}}$ 有相同的特征多项式和特征值.

性质 4.4 若 n 阶方阵 $\boldsymbol{A}=[a_{ij}]$ 有 r 个互不相等的特征值 $\lambda_1,\lambda_2,\cdots,\lambda_r$，则 $\lambda_1,\lambda_2,\cdots,\lambda_r$ 所对应的特征向量 $\boldsymbol{x}_1,\boldsymbol{x}_2,\cdots,\boldsymbol{x}_r$ 必线性无关.

例 4.11 已知三阶方阵 $\boldsymbol{A}$ 的特征值分别为 $\lambda_1=-2,\lambda_2=1,\lambda_3=-2$，所对应的特征向量分别为 $\boldsymbol{x}_1=(0,1,1)^{\mathrm{T}},\boldsymbol{x}_2=(1,1,1)^{\mathrm{T}},\boldsymbol{x}_3=(1,1,0)^{\mathrm{T}}$，试求矩阵 $\boldsymbol{A}$.

解 由题设知 $\boldsymbol{A}\boldsymbol{x}_1=\lambda_1\boldsymbol{x}_1,\boldsymbol{A}\boldsymbol{x}_2=\lambda_2\boldsymbol{x}_2,\boldsymbol{A}\boldsymbol{x}_3=\lambda_3\boldsymbol{x}_3$，则由

$$\boldsymbol{A}(\boldsymbol{x}_1,\boldsymbol{x}_2,\boldsymbol{x}_3)=(\boldsymbol{x}_1,\boldsymbol{x}_2,\boldsymbol{x}_3)\begin{bmatrix}\lambda_1&0&0\\0&\lambda_2&0\\0&0&\lambda_3\end{bmatrix}$$

知矩阵 $(\boldsymbol{x}_1,\boldsymbol{x}_2,\boldsymbol{x}_3)=\begin{bmatrix}0&1&1\\1&1&1\\1&1&0\end{bmatrix}$ 可逆，则有

$$\boldsymbol{A}=(\boldsymbol{x}_1,\boldsymbol{x}_2,\boldsymbol{x}_3)\begin{bmatrix}\lambda_1&0&0\\0&\lambda_2&0\\0&0&\lambda_3\end{bmatrix}(\boldsymbol{x}_1,\boldsymbol{x}_2,\boldsymbol{x}_3)^{-1}=\begin{bmatrix}0&1&1\\1&1&1\\1&1&0\end{bmatrix}\begin{bmatrix}-2&&\\&1&\\&&-2\end{bmatrix}\begin{bmatrix}0&1&1\\1&1&1\\1&1&0\end{bmatrix}^{-1}$$

则 $\boldsymbol{A}=\begin{bmatrix}1&-3&3\\3&-5&3\\3&-3&1\end{bmatrix}$.

例 4.12 已知矩阵 $\boldsymbol{A}=\begin{bmatrix}1&-3&3\\3&-5&3\\3&-3&1\end{bmatrix}$，试求 $\boldsymbol{A}$ 与 $\boldsymbol{A}^{\mathrm{T}}$ 的特征值以及特征向量.

解 由例 4.11 有 $\boldsymbol{A}=\begin{bmatrix}1&-3&3\\3&-5&3\\3&-3&1\end{bmatrix}$ 的特征值为 $\lambda_1=-2,\lambda_2=1,\lambda_3=-2$，所对应的特征向量分别为 $\boldsymbol{x}_1=(0,1,1)^{\mathrm{T}},\boldsymbol{x}_2=(1,1,1)^{\mathrm{T}},\boldsymbol{x}_3=(1,1,0)^{\mathrm{T}}$.

$$A^{\mathrm{T}}=\begin{bmatrix}1&3&3\\-3&-5&-3\\3&3&1\end{bmatrix}$$

$$|A^{\mathrm{T}}-\lambda E|=\begin{vmatrix}1-\lambda&3&3\\-3&-5-\lambda&-3\\3&3&1-\lambda\end{vmatrix}=(\lambda-1)(\lambda+2)^2$$

则矩阵 A^{T} 的特征值为 $\lambda_1^*=-2,\lambda_2^*=1,\lambda_3^*=-2$，当 $\lambda_1^*=\lambda_3^*=-2$ 时，解方程组 $(A^{\mathrm{T}}+2E)x=0$，由

$$A^{\mathrm{T}}+2E=\begin{bmatrix}3&3&3\\-3&-3&-3\\3&3&3\end{bmatrix}\xrightarrow{r}\begin{bmatrix}1&1&1\\0&0&0\\0&0&0\end{bmatrix}$$

则特征值 $\lambda_1^*=\lambda_3^*=-2$ 所对应的特征向量为 $x_1^*=(1,0,1)^{\mathrm{T}},x_3^*=(1,1,0)^{\mathrm{T}}$. 当 $\lambda_2^*=1$ 时，解方程组 $(A^{\mathrm{T}}-E)x=0$，由

$$A^{\mathrm{T}}-E=\begin{bmatrix}0&3&3\\-3&-6&-3\\3&3&0\end{bmatrix}\xrightarrow{r}\begin{bmatrix}1&0&-1\\0&1&1\\0&0&0\end{bmatrix}$$

则特征值 $\lambda_2^*=1$ 所对应的特征向量为 $x_2^*=(1,-1,1)^{\mathrm{T}}$.

4.3　相似矩阵及其对角化

由第 2 章的知识可知矩阵 A 与 B 等价，即存在可逆矩阵 P 和 Q 使得 $B=QAP$，本节主要介绍一类特殊的等价关系 —— 相似. 当 $B=QAP$ 中 $Q=P^{-1}$ 时，就称矩阵 A 与 B 相似. 在本节中，将针对相似矩阵的相关内容进行介绍.

定义 4.8　n 阶方阵 A 和 B，若存在 n 阶可逆矩阵 P 使得以下等式成立

$$B=P^{-1}AP$$

则称 n 阶方阵 A 与 B **相似**，或称 n 阶方阵 A 相似于 n 阶方阵 B；称 n 阶可逆矩阵 P 为**相似变换矩阵**.

相似关系的性质：

(1) 反身性：A 与 A 相似；

(2) 对称性：A 与 B 相似，则 B 与 A 相似；

(3) 传递性：A 与 B 相似，B 与 C 相似，则 A 与 C 相似.

例 4.13　若 n 阶方阵 A 与 B 相似，试证：

(1) A^m 与 B^m 相似；

(2) 若 n 阶方阵 A 与 B 可逆，则 A^{-1} 与 B^{-1} 相似；

(3) A 与 B 有相同的特征多项式.

证明　(1) 由 A 与 B 相似，则存在 n 阶可逆矩阵 P，使得 $B=P^{-1}AP$，则

$$B^m=P^{-1}APP^{-1}AP\cdots P^{-1}AP=P^{-1}A^mP \tag{9}$$

即 A^m 与 B^m 相似.

(2) 由 A 与 B 相似，则存在 n 阶可逆矩阵 P，使得 $B=P^{-1}AP$，且 n 阶方阵 A 与 B 可逆则

$$B^{-1}=(P^{-1}AP)^{-1}=P^{-1}A^{-1}P \tag{10}$$

即 A^{-1} 与 B^{-1} 相似.

(3) 由 A 与 B 相似，则存在 n 阶可逆矩阵 P，使得 $B=P^{-1}AP$，则

$$|B-\lambda E|=|P^{-1}AP-\lambda E|=|P^{-1}(A-\lambda E)P|=|P^{-1}||A-\lambda E||P|=|A-\lambda E| \tag{11}$$

即 A 与 B 有相同的特征多项式.

例 4.14 矩阵

$$A=\begin{bmatrix}1 & 0\\ 0 & 1\end{bmatrix},\quad B=\begin{bmatrix}1 & 2\\ 0 & 1\end{bmatrix}$$

显然矩阵 A 与 B 有相同的特征多项式. 且对于任一 n 阶可逆矩阵 P 有 $P^{-1}AP=E$，显然 $B\neq E$，则矩阵 A 与 B 不相似.

定义 4.9 若 n 阶方阵 A 相似于一对角阵，则称 n 阶方阵 A 可对角化.

定理 4.3 若 n 阶方阵 A 与对角阵 Λ 相似，其中

$$\Lambda=\begin{bmatrix}\lambda_1 & & & \\ & \lambda_2 & & \\ & & \ddots & \\ & & & \lambda_n\end{bmatrix}$$

则 $\lambda_1,\lambda_2,\cdots,\lambda_n$ 为 n 阶方阵 A 的 n 个特征值.

证明 A 与 Λ 相似则 n 阶方阵 A 与对角阵 Λ 有相同的特征多项式

$$|\Lambda-\lambda E|=\begin{bmatrix}\lambda_1-\lambda & & & \\ & \lambda_2-\lambda & & \\ & & \ddots & \\ & & & \lambda_n-\lambda\end{bmatrix}$$

则对角阵 Λ 的特征值分别为 $\lambda_1,\lambda_2,\cdots,\lambda_n$，则 A 的特征值为 $\lambda_1,\lambda_2,\cdots,\lambda_n$.

定理即得证.

例 4.15 已知矩阵 $A=\begin{bmatrix}2 & 1\\ 1 & 2\end{bmatrix}$ 可对角化，即存在可逆矩阵 P 使得 $P^{-1}AP=\Lambda$，试求矩阵 P.

解 由例 4.6 的计算方法可得，A 的特征值为 1,3，且所对应的特征向量分别为 $(1,-1)^{\mathrm{T}},(1,1)^{\mathrm{T}}$，则由定理 4.3 知，$\Lambda=\begin{bmatrix}1 & 0\\ 0 & 3\end{bmatrix}$，又由 $P^{-1}AP=\Lambda$ 有

$$AP=P\Lambda=P\begin{bmatrix}1 & 0\\ 0 & 3\end{bmatrix} \tag{12}$$

设 $P=(p_1,p_2)$，则式(12)进一步整理为

$$(Ap_1,Ap_2)=(1p_1,3p_2) \tag{13}$$

则 p_1 满足 $Ap_1=1p_1$，p_2 满足 $Ap_2=3p_2$，显然 p_1,p_2 分别为 A 的特征值为 1,3 所对应的

特征向量，即 $\boldsymbol{p}_1=\begin{bmatrix}1\\-1\end{bmatrix}$，$\boldsymbol{p}_2=\begin{bmatrix}1\\1\end{bmatrix}$，则 $\boldsymbol{P}=\begin{bmatrix}1&1\\-1&1\end{bmatrix}$.

通过例 4.13 的求解过程可知，对于可对角化的矩阵来说，其相似对角化矩阵即是由其特征向量组成的.

不加证明地给出以下定理.

定理 4.4　n 阶方阵 $\boldsymbol{A}$ 可对角化的充要条件为 n 阶方阵 $\boldsymbol{A}$ 有 n 个线性无关的特征向量.

例 4.16　已知矩阵

$$\boldsymbol{A}=\begin{bmatrix}2&1&0\\0&2&0\\0&0&3\end{bmatrix}$$

试判断矩阵 $\boldsymbol{A}$ 是否可对角化，若可以求其相似对角化矩阵，若不可以说明理由.

解　矩阵 $\boldsymbol{A}$ 的特征值分别为 2,2,3，所对应的特征向量分别为

$$\boldsymbol{p}_1=\begin{bmatrix}1\\0\\0\end{bmatrix},\quad \boldsymbol{p}_2=\begin{bmatrix}2\\0\\0\end{bmatrix},\quad \boldsymbol{p}_3=\begin{bmatrix}0\\0\\1\end{bmatrix} \tag{14}$$

显然向量组 $\boldsymbol{p}_1,\boldsymbol{p}_2,\boldsymbol{p}_3$ 线性相关，则由定理 4.4 知矩阵 $\boldsymbol{A}$ 不可以对角化.

定理 4.5　若 n 阶方阵 $\boldsymbol{A}$ 有 n 个不同的特征值，则 n 阶方阵 $\boldsymbol{A}$ 必可对角化.

结合性质 4.4 以及定理 4.4，定理 4.5 很容易得出.

4.4　实对称矩阵的对角化

由 4.3 节知，并非所有方阵都可对角化，在本节中，将针对一类必可对角化的方阵——实对称矩阵，来进行介绍.

定理 4.6　若矩阵 $\boldsymbol{A}$ 为实对称矩阵，则 $\boldsymbol{A}$ 的全部特征值均为实数.

证明　设 $\boldsymbol{A}$ 为 n 阶实对称矩阵，其中任一特征值为 λ，所对应的特征向量为 $\boldsymbol{x}=(x_1,x_2,\cdots,x_n)^{\mathrm{T}}\neq\boldsymbol{0}$，即有

$$\boldsymbol{Ax}=\lambda\boldsymbol{x} \tag{15}$$

对式(15) 左右两边取共轭矩阵，并做转置，有

$$\bar{\boldsymbol{x}}^{\mathrm{T}}\bar{\boldsymbol{A}}^{\mathrm{T}}=\overline{\lambda\boldsymbol{x}}^{\mathrm{T}} \tag{16}$$

则有

$$\bar{\boldsymbol{x}}^{\mathrm{T}}\boldsymbol{A}=\overline{\lambda\boldsymbol{x}}^{\mathrm{T}} \tag{17}$$

式(17) 左右同右乘 $\boldsymbol{x}$，则有

$$\bar{\boldsymbol{x}}^{\mathrm{T}}\boldsymbol{Ax}=\overline{\lambda\boldsymbol{x}}^{\mathrm{T}}\boldsymbol{x} \tag{18}$$

则有

$$\lambda\bar{\boldsymbol{x}}^{\mathrm{T}}\boldsymbol{x}=\overline{\lambda\boldsymbol{x}}^{\mathrm{T}}\boldsymbol{x} \tag{19}$$

即 $(\lambda-\bar{\lambda})\bar{\boldsymbol{x}}^{\mathrm{T}}\boldsymbol{x}=\boldsymbol{0}$，由 $\boldsymbol{x}=(x_1,x_2,\cdots,x_n)^{\mathrm{T}}\neq\boldsymbol{0}$，则有 $\bar{\boldsymbol{x}}^{\mathrm{T}}\boldsymbol{x}\neq\boldsymbol{0}$，则有 $\lambda-\bar{\lambda}=0$，即 $\lambda=\bar{\lambda}$，即 λ 为实数.

定理 4.7 若矩阵 $\boldsymbol{A}$ 为 n 维实对称矩阵，且特征值 $\lambda_1 \neq \lambda_2$，则其所对应的特征向量 $\boldsymbol{x}_1,\boldsymbol{x}_2$ 必正交.

证明 设矩阵 $\boldsymbol{A}$ 为 n 维实对称矩阵，特征值 $\lambda_1 \neq \lambda_2$，所对应的特征向量 $\boldsymbol{x}_1,\boldsymbol{x}_2$，则有

$$\boldsymbol{A}\boldsymbol{x}_1 = \lambda_1 \boldsymbol{x}_1 \tag{20}$$

$$\boldsymbol{A}\boldsymbol{x}_2 = \lambda_2 \boldsymbol{x}_2 \tag{21}$$

对式(20)做转置，有 $\boldsymbol{x}_1^{\mathrm{T}}\boldsymbol{A}^{\mathrm{T}} = \lambda_1 \boldsymbol{x}_1^{\mathrm{T}}$，即

$$\boldsymbol{x}_1^{\mathrm{T}}\boldsymbol{A} = \lambda_1 \boldsymbol{x}_1^{\mathrm{T}} \tag{22}$$

对式(22)左右两边同右乘 $\boldsymbol{x}_2$，则有 $\boldsymbol{x}_1^{\mathrm{T}}\boldsymbol{A}\boldsymbol{x}_2 = \lambda_1 \boldsymbol{x}_1^{\mathrm{T}}\boldsymbol{x}_2$，即有

$$\lambda_2 \boldsymbol{x}_1^{\mathrm{T}}\boldsymbol{x}_2 = \lambda_1 \boldsymbol{x}_1^{\mathrm{T}}\boldsymbol{x}_2 \tag{23}$$

即

$$(\lambda_1 - \lambda_2)\boldsymbol{x}_1^{\mathrm{T}}\boldsymbol{x}_2 = 0$$

已知 $\lambda_1 \neq \lambda_2$，则必有 $\boldsymbol{x}_1^{\mathrm{T}}\boldsymbol{x}_2 = \boldsymbol{0}$，即向量 $\boldsymbol{x}_1,\boldsymbol{x}_2$ 正交.

扩展到 $\boldsymbol{A}$ 的多个特征值时，定理 4.7 的结论同样成立.

结合以上定理，下面不加证明地给出以下定理.

定理 4.8 若矩阵 $\boldsymbol{A}$ 为 n 维实对称矩阵，则一定存在正交矩阵 $\boldsymbol{P}$，使得 $\boldsymbol{P}^{-1}\boldsymbol{A}\boldsymbol{P} = \boldsymbol{P}^{\mathrm{T}}\boldsymbol{A}\boldsymbol{P} = \boldsymbol{\Lambda}$，其中 $\boldsymbol{\Lambda}$ 为对角阵，且对角线元素为 $\boldsymbol{A}$ 的特征值.

定理 4.9 若矩阵 $\boldsymbol{A}$ 为 n 维实对称矩阵，且 λ 为矩阵 $\boldsymbol{A}$ 的 k 重特征向量，则特征值所对应的特征向量必是 k 个线性无关的.

结合定理 4.8、定理 4.9 以及 4.3 节中相似对角化的步骤，可得到以下实对称矩阵相似对角化的步骤，其中相似变换矩阵为正交阵.

(1) n 阶实对称矩阵 $\boldsymbol{A}$，求出其全部特征值 $\lambda_1,\lambda_2,\cdots,\lambda_r$，特征值相应重数分别为 $k_1, k_2,\cdots,k_r$，显然 $\sum_{i=1}^{r} k_i = n$.（非重特征值，取 $k_i = 1$）

(2) 分别求出特征值 λ_i 所对应的 k_i 个线性无关的特征向量，即 $(\boldsymbol{A}-\lambda_i\boldsymbol{E})\boldsymbol{x}=\boldsymbol{0}$ 的一组基础解系. 并对其进行标准正交化（即正交化后再单位化）.

(3) 因 $\sum_{i=1}^{r} k_i = n$，则 $\boldsymbol{A}$ 共有 n 个两两正交的单位特征向量，组成正交矩阵 $\boldsymbol{P}$，即有 $\boldsymbol{P}^{-1}\boldsymbol{A}\boldsymbol{P} = \boldsymbol{P}^{\mathrm{T}}\boldsymbol{A}\boldsymbol{P} = \boldsymbol{\Lambda}$，其中 $\boldsymbol{\Lambda}$ 为由 $\boldsymbol{A}$ 的特征值为对角线元素的对角矩阵，且顺序要与 $\boldsymbol{P}$ 中列向量的次序相同.（$\boldsymbol{\Lambda}$ 中有 k_i 个 λ_i）

例 4.17 已知矩阵

$$\boldsymbol{A} = \begin{bmatrix} 2 & -2 & 0 \\ -2 & 1 & -2 \\ 0 & -2 & 0 \end{bmatrix}$$

试求正交矩阵 $\boldsymbol{P}$，使得 $\boldsymbol{P}^{-1}\boldsymbol{A}\boldsymbol{P} = \boldsymbol{P}^{\mathrm{T}}\boldsymbol{A}\boldsymbol{P} = \boldsymbol{\Lambda}$，$\boldsymbol{\Lambda}$ 为对角矩阵.

解 依照相似对角化的步骤有 $\boldsymbol{A}$ 的特征多项式为

$$|\boldsymbol{A} - \lambda\boldsymbol{E}| = \begin{vmatrix} 2-\lambda & -2 & 0 \\ -2 & 1-\lambda & -2 \\ 0 & -2 & -\lambda \end{vmatrix} = (\lambda+2)(\lambda-1)(\lambda-4)$$

从而特征值分别为 $\lambda_1=-2,\lambda_2=1,\lambda_3=4$.

对 $\lambda_1=-2,(\boldsymbol{A}+2\boldsymbol{E})\boldsymbol{x}=\boldsymbol{0}$

$$\begin{bmatrix}4 & -2 & 0\\ -2 & 3 & -2\\ 0 & -2 & 2\end{bmatrix}\xrightarrow{r}\begin{bmatrix}1 & 0 & -\frac{1}{2}\\ 0 & 1 & -1\\ 0 & 0 & 0\end{bmatrix}$$

得基础解系为 $\boldsymbol{x}_1=\left(\frac{1}{2},1,1\right)^{\mathrm{T}}$，即 $\lambda_1=-2$ 所对应的特征向量为 $\boldsymbol{x}_1=\left(\frac{1}{2},1,1\right)^{\mathrm{T}}$.

同样，可得到 $\lambda_2=1$ 所对应的特征向量为 $\boldsymbol{x}_2=\left(-1,-\frac{1}{2},1\right)^{\mathrm{T}}$；$\lambda_3=4$ 所对应的特征向量为 $\boldsymbol{x}_3=(2,-2,1)^{\mathrm{T}}$.

由定理 4.7 知向量组 $\boldsymbol{x}_1,\boldsymbol{x}_2,\boldsymbol{x}_3$ 正交，则对向量组 $\boldsymbol{x}_1,\boldsymbol{x}_2,\boldsymbol{x}_3$ 进行单位化，得到

$$\boldsymbol{p}_1=\left(\frac{1}{3},\frac{2}{3},\frac{2}{3}\right)^{\mathrm{T}},\quad \boldsymbol{p}_2=\left(-\frac{2}{3},-\frac{1}{3},\frac{2}{3}\right)^{\mathrm{T}},\quad \boldsymbol{p}_3=\left(\frac{2}{3},-\frac{2}{3},\frac{1}{3}\right)^{\mathrm{T}}$$

令

$$\boldsymbol{P}=(\boldsymbol{p}_1,\boldsymbol{p}_2,\boldsymbol{p}_3)=\begin{bmatrix}\frac{1}{3} & -\frac{2}{3} & \frac{2}{3}\\ \frac{2}{3} & -\frac{1}{3} & -\frac{2}{3}\\ \frac{2}{3} & \frac{2}{3} & \frac{1}{3}\end{bmatrix}$$

则

$$\boldsymbol{P}^{-1}\boldsymbol{A}\boldsymbol{P}=\boldsymbol{P}^{\mathrm{T}}\boldsymbol{A}\boldsymbol{P}=\boldsymbol{\Lambda}=\begin{bmatrix}-2 & 0 & 0\\ 0 & 1 & 0\\ 0 & 0 & 4\end{bmatrix}$$

例 4.18　已知矩阵

$$\boldsymbol{A}=\begin{bmatrix}-2 & 4 & 2\\ 4 & -2 & -2\\ 2 & -2 & 1\end{bmatrix}$$

试求正交矩阵 $\boldsymbol{P}$，使得 $\boldsymbol{P}^{-1}\boldsymbol{A}\boldsymbol{P}=\boldsymbol{P}^{\mathrm{T}}\boldsymbol{A}\boldsymbol{P}=\boldsymbol{\Lambda}$，$\boldsymbol{\Lambda}$ 为对角矩阵.

解　$\boldsymbol{A}$ 的特征多项式为

$$|\boldsymbol{A}-\lambda\boldsymbol{E}|=\begin{vmatrix}-2-\lambda & 4 & 2\\ 4 & -2-\lambda & -2\\ 2 & -2 & 1-\lambda\end{vmatrix}=-(\lambda+7)(\lambda-2)^2$$

从而特征值分别为 $\lambda_1=-7,\lambda_2=\lambda_3=2$. 对 $\lambda_1=-7,(\boldsymbol{A}+7\boldsymbol{E})\boldsymbol{x}=\boldsymbol{0}$

$$\begin{bmatrix}5 & 4 & 2\\ 4 & 5 & -2\\ 2 & -2 & 8\end{bmatrix}\longrightarrow\begin{bmatrix}1 & 0 & 2\\ 0 & 1 & -2\\ 0 & 0 & 0\end{bmatrix}$$

得基础解系为 $\boldsymbol{x}_1=(-2,2,1)^{\mathrm{T}}$，即 $\lambda_1=-7$ 所对应的特征向量为 $\boldsymbol{x}_1=(-2,2,1)^{\mathrm{T}}$，单位

化得 $\boldsymbol{p}_1=\left(-\frac{2}{3},\frac{2}{3},\frac{1}{3}\right)^{\mathrm{T}}$.

同样,可得到 $\lambda_2=\lambda_3=2$ 所对应的特征向量为 $\boldsymbol{x}_2=(1,0,2)^{\mathrm{T}}$,$\boldsymbol{x}_3=(1,1,0)^{\mathrm{T}}$,对 $\boldsymbol{x}_2$,$\boldsymbol{x}_3$ 进行标准正交化得

$$\boldsymbol{p}_2=\left(\frac{1}{\sqrt{5}},0,\frac{2}{\sqrt{5}}\right)^{\mathrm{T}},\quad \boldsymbol{p}_3=\left(\frac{4}{\sqrt{45}},\frac{5}{\sqrt{45}},-\frac{2}{\sqrt{45}}\right)^{\mathrm{T}}$$

令

$$\boldsymbol{P}=(\boldsymbol{p}_1,\boldsymbol{p}_2,\boldsymbol{p}_3)=\begin{bmatrix}-\frac{2}{3} & \frac{1}{\sqrt{5}} & \frac{4}{\sqrt{45}}\\ \frac{2}{3} & 0 & \frac{5}{\sqrt{45}}\\ \frac{1}{3} & \frac{2}{\sqrt{5}} & -\frac{2}{\sqrt{45}}\end{bmatrix}$$

则

$$\boldsymbol{P}^{-1}\boldsymbol{A}\boldsymbol{P}=\boldsymbol{P}^{\mathrm{T}}\boldsymbol{A}\boldsymbol{P}=\boldsymbol{\Lambda}=\begin{bmatrix}-7 & 0 & 0\\ 0 & 2 & 0\\ 0 & 0 & 2\end{bmatrix}$$

例 4.19 已知 $\boldsymbol{A}=\begin{bmatrix}4 & -1\\ -1 & 4\end{bmatrix}$,试求 $\boldsymbol{A}^n$,$\varphi(\boldsymbol{A})=\boldsymbol{A}^7-5\boldsymbol{A}^6$.

解 通过计算可知,矩阵 $\boldsymbol{A}$ 的特征值分别为 $\lambda_1=3$,$\lambda_2=5$. 所对应的特征向量分别为 $\boldsymbol{x}_1=(1,1)^{\mathrm{T}}$,$\boldsymbol{x}_2=(-1,1)^{\mathrm{T}}$. 对 $\boldsymbol{x}_1$,$\boldsymbol{x}_2$ 进行单位化,得到

$$\boldsymbol{p}_1=\left(\frac{1}{\sqrt{2}},\frac{1}{\sqrt{2}}\right)^{\mathrm{T}},\quad \boldsymbol{p}_2=\left(-\frac{1}{\sqrt{2}},\frac{1}{\sqrt{2}}\right)^{\mathrm{T}}$$

令

$$\boldsymbol{P}=(\boldsymbol{p}_1,\boldsymbol{p}_2)=\begin{bmatrix}\frac{1}{\sqrt{2}} & -\frac{1}{\sqrt{2}}\\ \frac{1}{\sqrt{2}} & \frac{1}{\sqrt{2}}\end{bmatrix}$$

使得

$$\boldsymbol{P}^{-1}\boldsymbol{A}\boldsymbol{P}=\boldsymbol{P}^{\mathrm{T}}\boldsymbol{A}\boldsymbol{P}=\boldsymbol{\Lambda}=\begin{bmatrix}3 & 0\\ 0 & 5\end{bmatrix}$$

则有 $\boldsymbol{P}\boldsymbol{\Lambda}\boldsymbol{P}^{-1}=\boldsymbol{P}\boldsymbol{\Lambda}\boldsymbol{P}^{\mathrm{T}}=\boldsymbol{A}$,则

$$\boldsymbol{A}^n=\boldsymbol{P}\boldsymbol{\Lambda}\boldsymbol{P}^{-1}\boldsymbol{P}\boldsymbol{\Lambda}\boldsymbol{P}^{-1}\cdots\boldsymbol{P}\boldsymbol{\Lambda}\boldsymbol{P}^{-1}=\boldsymbol{P}\boldsymbol{\Lambda}^n\boldsymbol{P}^{-1}=\boldsymbol{P}\boldsymbol{\Lambda}^n\boldsymbol{P}^{\mathrm{T}} \tag{24}$$

则有

$$\boldsymbol{A}^n=\begin{bmatrix}\frac{1}{\sqrt{2}} & -\frac{1}{\sqrt{2}}\\ \frac{1}{\sqrt{2}} & \frac{1}{\sqrt{2}}\end{bmatrix}\begin{bmatrix}3 & 0\\ 0 & 5\end{bmatrix}^n\begin{bmatrix}\frac{1}{\sqrt{2}} & -\frac{1}{\sqrt{2}}\\ \frac{1}{\sqrt{2}} & \frac{1}{\sqrt{2}}\end{bmatrix}^{\mathrm{T}}=$$

$$\begin{bmatrix} \frac{1}{\sqrt{2}} & -\frac{1}{\sqrt{2}} \\ \frac{1}{\sqrt{2}} & \frac{1}{\sqrt{2}} \end{bmatrix} \begin{bmatrix} 3^n & 0 \\ 0 & 5^n \end{bmatrix} \begin{bmatrix} \frac{1}{\sqrt{2}} & \frac{1}{\sqrt{2}} \\ -\frac{1}{\sqrt{2}} & \frac{1}{\sqrt{2}} \end{bmatrix} = \begin{bmatrix} \frac{3^n+5^n}{2} & \frac{3^n-5^n}{2} \\ \frac{3^n-5^n}{2} & \frac{3^n+5^n}{2} \end{bmatrix}$$

则

$$\varphi(\boldsymbol{A}) = \boldsymbol{A}^7 - 5\boldsymbol{A}^6 = \boldsymbol{P}\boldsymbol{\Lambda}^7\boldsymbol{P}^{\mathrm{T}} - 5\boldsymbol{P}\boldsymbol{\Lambda}^6\boldsymbol{P}^{\mathrm{T}} = \boldsymbol{P}(\boldsymbol{\Lambda}^7 - 5\boldsymbol{\Lambda}^6)\boldsymbol{P}^{\mathrm{T}}$$

即

$$\varphi(\boldsymbol{A}) = \begin{bmatrix} \frac{1}{\sqrt{2}} & -\frac{1}{\sqrt{2}} \\ \frac{1}{\sqrt{2}} & \frac{1}{\sqrt{2}} \end{bmatrix} \begin{bmatrix} -2\times 3^6 & 0 \\ 0 & 0 \end{bmatrix} \begin{bmatrix} \frac{1}{\sqrt{2}} & -\frac{1}{\sqrt{2}} \\ \frac{1}{\sqrt{2}} & \frac{1}{\sqrt{2}} \end{bmatrix}^{\mathrm{T}} = \begin{bmatrix} -3^6 & -3^6 \\ -3^6 & -3^6 \end{bmatrix}$$

由对称矩阵 $\boldsymbol{A}$ 的特殊性 $\boldsymbol{P}^{-1}\boldsymbol{A}\boldsymbol{P} = \boldsymbol{P}^{\mathrm{T}}\boldsymbol{A}\boldsymbol{P} = \boldsymbol{\Lambda}$，则函数 $\varphi(\boldsymbol{A}) = \boldsymbol{P}\varphi(\boldsymbol{\Lambda})\boldsymbol{P}^{\mathrm{T}}$.

习　题　四

一、选择题

1. 与向量 $\boldsymbol{\alpha} = (2,0,1,-2)$ 平行的单位向量为　　（　　）

A. $(1,1,1,1)$　　B. $(0,1,0,0)$

C. $\left(\frac{2}{3},0,\frac{1}{3},-\frac{2}{3}\right)$　　D. $(2,0,1,-2)$

2. 与向量 $\boldsymbol{\alpha} = (1,2,0,-2)$ 正交的向量为　　（　　）

A. $(1,2,0,-2)$　　B. $(0,1,0,1)$

C. $(-1,-2,0,2)$　　D. $(-2,0,2,1)$

3. 已知矩阵 $\boldsymbol{A}$ 与矩阵 $\boldsymbol{B}$，存在正交矩阵 $\boldsymbol{P}$，满足 $\boldsymbol{P}^{\mathrm{T}}\boldsymbol{A}\boldsymbol{P} = \boldsymbol{B}$，则以下结论不成立的是　　（　　）

A. 矩阵 $\boldsymbol{A}$ 与矩阵 $\boldsymbol{B}$ 等价　　B. 矩阵 $\boldsymbol{A}$ 与矩阵 $\boldsymbol{B}$ 相似

C. 矩阵 $\boldsymbol{A}$ 与矩阵 $\boldsymbol{B}$ 可逆　　D. 矩阵 $\boldsymbol{A}$ 的秩与矩阵 $\boldsymbol{B}$ 的秩相等

4. 已知三阶方阵 $\boldsymbol{A}$ 的特征值为 $1,3,-2$，则 $\mathrm{tr}(\boldsymbol{A}) =$　　（　　）

A. -6　　B. 2　　C. -2　　D. 6

5. 已知实对称矩阵 $\boldsymbol{A}$ 的特征值 2 和 -1 所对应的特征向量为 $\boldsymbol{p}_1$ 和 $\boldsymbol{p}_2$，则 $[\boldsymbol{p}_1,\boldsymbol{p}_2] =$　　（　　）

A. 0　　B. -2　　C. 1　　D. 3

二、填空题

1. 向量 $\boldsymbol{\alpha} = (1,2,0,-2)$ 的长度为________.

2. 向量 $\boldsymbol{\alpha}=(1,2,0,-2)$ 与 $\boldsymbol{\beta}=(0,1,3,1)$ 的夹角为________.

3. 已知四维向量 $\|\boldsymbol{\alpha}\|=3$,则 $\|2\boldsymbol{\alpha}\|=$________.

4. 矩阵 $\boldsymbol{A}$ 只含有非零特征值是矩阵 $\boldsymbol{A}$ 可逆的________条件.

5. 矩阵 $\boldsymbol{A}$ 与矩阵 $\boldsymbol{B}$ 等价是矩阵 $\boldsymbol{A}$ 与矩阵 $\boldsymbol{B}$ 相似的________条件.

6. 矩阵 $\boldsymbol{A}=\mathrm{diag}(-1,1,0)$,则矩阵 $\boldsymbol{A}$ 的特征值为________.

7. 设 $\boldsymbol{\alpha}=(1,0,-1)$,矩阵 $\boldsymbol{A}=\boldsymbol{\alpha}^{\mathrm{T}}\boldsymbol{\alpha}$,$n$ 为正整数,则 $|\alpha\boldsymbol{E}-\boldsymbol{A}^{n}|=$________.

8. 若四阶矩阵 $\boldsymbol{A}$ 与 $\boldsymbol{B}$ 相似,矩阵 $\boldsymbol{A}$ 的特征值为 $\frac{1}{2},\frac{1}{3},\frac{1}{4},\frac{1}{5}$,则行列式 $|\boldsymbol{B}^{-1}-\boldsymbol{E}|=$________.

9. 已知矩阵 $\boldsymbol{A}$ 的特征值为 λ,则 $\boldsymbol{A}^{\mathrm{T}}$ 的特征值为________.

10. 已知三阶可逆矩阵 $\boldsymbol{A}$ 的特征值为 1,2,3,则矩阵 $\left(\frac{1}{3}\boldsymbol{A}^{2}\right)^{-1}$ 的特征值为________.

11. 设 $\boldsymbol{\alpha}$ 为三维列向量,若 $\boldsymbol{\alpha}\boldsymbol{\alpha}^{\mathrm{T}}=\begin{bmatrix}1&-1&1\\-1&1&-1\\1&-1&1\end{bmatrix}$,则 $\boldsymbol{\alpha}^{\mathrm{T}}\boldsymbol{\alpha}=$________.

三、计算及证明题

1. 试求以下向量的内积:

(1) $\boldsymbol{\alpha}=(2,1,3,-3)^{\mathrm{T}}$,$\boldsymbol{\beta}=(0,-2,1,1)^{\mathrm{T}}$;

(2) $\boldsymbol{\alpha}=(1,0,1,3)^{\mathrm{T}}$,$\boldsymbol{\beta}=(0,-2,3,-1)^{\mathrm{T}}$.

2. 试求以下向量的长度,并将其单位化:

(1) $\boldsymbol{\alpha}=(2,1,-2)$;

(2) $\boldsymbol{\alpha}=(0,-3,1)$.

3. 试求以下向量组的角度:

(1) $\boldsymbol{\alpha}=(1,0,1)^{\mathrm{T}}$,$\boldsymbol{\beta}=(0,1,1)^{\mathrm{T}}$;

(2) $\boldsymbol{\alpha}=(1,0,0,1)^{\mathrm{T}}$,$\boldsymbol{\beta}=(1,\sqrt{2},0,1)^{\mathrm{T}}$.

4. 已知 $\boldsymbol{A}=\begin{bmatrix}a&\frac{\sqrt{2}}{2}&\frac{\sqrt{6}}{6}\\\frac{\sqrt{3}}{3}&-\frac{\sqrt{2}}{2}&c\\\frac{\sqrt{3}}{3}&b&-\frac{\sqrt{6}}{3}\end{bmatrix}$ 为正交阵,试求 a,b,c 的值.

*5. 在 $\mathbf{R}^{3}$ 中,试求与 $\boldsymbol{\alpha}_1=(-1,1,1)$,$\boldsymbol{\alpha}_2=(2,-1,4)$ 都正交的向量.

6. 若向量组 $\boldsymbol{\alpha}_1,\boldsymbol{\alpha}_2,\cdots,\boldsymbol{\alpha}_m$ 为正交向量组,试证

$$\|\boldsymbol{\alpha}_1,\boldsymbol{\alpha}_2,\cdots,\boldsymbol{\alpha}_m\|^2=\|\boldsymbol{\alpha}_1\|^2+\|\boldsymbol{\alpha}_2\|^2+\cdots+\|\boldsymbol{\alpha}_m\|^2$$

7. 试用施密特定理将 $\boldsymbol{\alpha}_1=(1,1,1)^{\mathrm{T}}$,$\boldsymbol{\alpha}_2=(1,0,1)^{\mathrm{T}}$,$\boldsymbol{\alpha}_3=(1,1,0)^{\mathrm{T}}$ 标准正交化.

*8. 在 $\mathbf{R}^{3}$ 中,求一组正交向量组,使之与向量组 $\boldsymbol{\alpha}_1=(0,-1,1)$,$\boldsymbol{\alpha}_2=(-2,1,0)$,$\boldsymbol{\alpha}_3=(0,0,2)$ 等价.

9. 试求以下矩阵的特征值以及特征向量：

(1) $A=\begin{bmatrix}-3 & 2\\ -2 & 2\end{bmatrix}$；　　(2) $A=\begin{bmatrix}0 & 10 & 6\\ 1 & -3 & -3\\ -2 & 10 & 8\end{bmatrix}$；

(3) $A=\begin{bmatrix}3 & -1 & 1\\ 2 & 0 & 1\\ 1 & -1 & 2\end{bmatrix}$；　　(4) $A=\begin{bmatrix}0 & 0 & 0 & 1\\ 0 & 0 & 1 & 0\\ 0 & 1 & 0 & 0\\ 1 & 0 & 0 & 0\end{bmatrix}$.

10. 对于 n 阶矩阵 A，若存在正整数 k，使得 $A^k=\mathbf{0}$，则称 A 是幂零矩阵，试证幂零矩阵的特征值为零.

11. 已知矩阵 A 的特征值都大于零，试证 $|E+A|>1+|A|$.

12. A 的特征值为 λ，试证：λ^2 为 A^2 的特征值；当 A 可逆时，$\frac{1}{\lambda}$ 为 A^{-1} 的特征值.

13. 已知三阶矩阵 A 的特征值为 1,2,3，求 $|A^3-5A^2+7A|$.

14. 已知三阶矩阵 A 的特征值为 1,2,−3，求 $|A^*+3A+2E|$.

15. 试证以下两个矩阵相似：$A=\begin{bmatrix}1 & 2 & 3\\ 4 & 5 & 6\\ 7 & 8 & 9\end{bmatrix}$，$B=\begin{bmatrix}9 & 8 & 7\\ 6 & 5 & 4\\ 3 & 2 & 1\end{bmatrix}$.

16. 已知 $A=\begin{bmatrix}2 & 0 & 1\\ 3 & 1 & x\\ 4 & 0 & 5\end{bmatrix}$ 可对角化，试求 x.

17. 已知 $A=\begin{bmatrix}1 & 4 & 2\\ 0 & -3 & 4\\ 0 & 4 & 3\end{bmatrix}$，试判断 A 是否可对角化，若可以求出其相似变换矩阵，若不可以说明理由.

18. 已知 $p=\begin{bmatrix}1\\ 1\\ -1\end{bmatrix}$ 是 $A=\begin{bmatrix}2 & -1 & 2\\ a & 1 & 3\\ -1 & b & -2\end{bmatrix}$ 的一个特征向量，

(1) 求 a,b 值以及 p 所对应的特征值.

(2) 判断 A 是否可对角化，若可以求出其相似变换矩阵，若不可以说明理由.

19. 设 A,B 都是 n 阶矩阵，且 $|AB|\neq 0$，试证 AB 与 BA 相似.

20. 设三阶实对称矩阵 A，特征值为 −1,1,1，其中 −1 所对应的特征向量为 $\eta_1=(0,1,1)^{\mathrm{T}}$，

(1) 试求 1 所对应的特征向量；

(2) 试求矩阵 A.

21. 试求相似变化矩阵 P 使得以下矩阵相似于对角阵：

(1) $\begin{bmatrix}1 & 2\\ 2 & 1\end{bmatrix}$；　　(2) $\begin{bmatrix}5 & 0 & 0\\ 0 & 3 & -2\\ 0 & -2 & 3\end{bmatrix}$.

22. 已知矩阵 $\boldsymbol{A}=\begin{bmatrix}1 & b & b & b\\ b & 1 & b & b\\ b & b & 1 & b\\ b & b & b & 1\end{bmatrix}(b\neq 0)$，试求相似变化矩阵 $\boldsymbol{P}$ 使得 $\boldsymbol{A}$ 相似于对角阵.

23. 试求正交矩阵 $\boldsymbol{P}$，使得下列实对称矩阵 $\boldsymbol{A}$ 满足 $\boldsymbol{P}^{-1}\boldsymbol{A}\boldsymbol{P}=\boldsymbol{P}^{\mathrm{T}}\boldsymbol{A}\boldsymbol{P}=\boldsymbol{\Lambda}$，$\boldsymbol{\Lambda}$ 为对角矩阵.

(1) $\begin{bmatrix}1 & 2 & 4\\ 2 & -2 & 2\\ 4 & 2 & 1\end{bmatrix}$； (2) $\begin{bmatrix}1 & -3 & 1\\ -3 & 1 & -1\\ 1 & -1 & 5\end{bmatrix}$.

24. 已知矩阵 $\boldsymbol{A}=\begin{bmatrix}-3 & 2\\ -2 & 2\end{bmatrix}$，试求 $\boldsymbol{A}^2+\boldsymbol{A}+3\boldsymbol{E}$，$\boldsymbol{A}^{100}$.

25. 已知二阶实矩阵 $\boldsymbol{A}$ 有 $|\boldsymbol{A}|<0$，试证 $\boldsymbol{A}$ 可对角化.

26. 设 $\boldsymbol{A}$ 为 n 阶矩阵，$\lambda_1\neq\lambda_2$ 为矩阵 $\boldsymbol{A}$ 的两个特征值，所对应的特征向量分别为 $\boldsymbol{p}_1$，$\boldsymbol{p}_2$，试证 $\boldsymbol{p}_1+\boldsymbol{p}_2$ 不可能是 $\boldsymbol{A}$ 的特征向量.

27. 已知 n 阶矩阵 $\boldsymbol{A}$，$\boldsymbol{B}$ 每行元素之和分别为 a，b，试证 $\boldsymbol{AB}$ 每行元素之和为 ab.

28. 已知三阶实对称矩阵 $\boldsymbol{A}$ 的各行元素之和为 3，向量 $\boldsymbol{\alpha}_1=(-1,2,-1)^{\mathrm{T}}$，$\boldsymbol{\alpha}_2=(0,-1,1)^{\mathrm{T}}$ 为方程 $\boldsymbol{Ax}=\boldsymbol{0}$ 的解，试求矩阵 $\boldsymbol{A}$ 的特征值和特征向量.

第 5 章

二 次 型

5.1 二次型及其标准形

第3章曾详细介绍了如何求解 n 元一次线性方程组，如何利用矩阵的形式表示一次函数表达式.在本节中，将针对一类特殊的二次函数 —— 二次齐次函数的表达式等相关内容进行介绍.

定义 5.1 含有 n 个变量 $x_1,x_2,\cdots,x_n$ 的二次齐次函数

$$f=a_{11}x_1^2+a_{12}x_1x_2+\cdots+a_{1n}x_{n-1}x_n+a_{21}x_2x_1+a_{22}x_2^2+\cdots+a_{2n}x_2x_n+\cdots+a_{n1}x_nx_1+a_{n2}x_nx_2+\cdots+a_{nn}x_n^2 \tag{1}$$

则称二次齐次函数 f 为关于变量 $x_1,x_2,\cdots,x_n$ 的**二次型**；当 $a_{ij}=0$ 时(其中 $i\neq j,i,j=1,2,\cdots,n$)，则称二次型 f 为**标准形**，即 $f=a_{11}x_1^2+a_{22}x_2^2+\cdots+a_{nn}x_n^2$；当二次型的标准形 f 满足 $a_{ii}=1$ 或 -1 或 0 时(其中 $i=1,2,\cdots,n$)，则称二次型 f 为**规范形**；当 a_{ij} 属于实数(其中 $i,j=1,2,\cdots,n$) 时，则称二次型 f 为**实二次型**；当 a_{ij} 属于复数(其中 $i,j=1,2,\cdots,n$) 时，则称二次型 f 为**复二次型**.

在本书中所讨论的二次型，如无特殊说明，均为实二次型.

设 $a_{ij}=a_{ji}$，则式(1) 可进一步整理为

$$f=a_{11}x_1^2+a_{22}x_2^2+\cdots+a_{nn}x_n^2+2a_{12}x_1x_2+2a_{13}x_1x_3+\cdots+2a_{n-1,n}x_{n-1}x_n \tag{2}$$

式(2) 形式的函数也是二次型.

例 5.1 试判断以下表达式是否为二次型.

(1) $f(x_1,x_2,x_3)=x_1^2+2x_1x_2+x_3^2$；

(2) $f(x_1,x_2,x_3)=x_1^2+2x_1x_2+x_3^2+2x_1$；

(3) $f(x_1,x_2,x_3)=x_1^2+2x_1x_2+x_3^2=0$.

解 根据二次型的定义有

(1) $f(x_1,x_2,x_3)=x_1^2+2x_1x_2+x_3^2$ 为二次型；

(2) $f(x_1,x_2,x_3)=x_1^2+2x_1x_2+x_3^2+2x_1$ 不是二次型，因为含有 $2x_1$ 为一次项；

(3) $f(x_1,x_2,x_3)=x_1^2+2x_1x_2+x_3^2=0$ 不是二次型，因为它是一个等式.

利用矩阵的形式将二次型(2) 表示出来，即有

$$f(x_1,x_2,\cdots,x_n)=\boldsymbol{x}^{\mathrm{T}}\boldsymbol{A}\boldsymbol{x} \tag{3}$$

其中

$$\boldsymbol{x}=(x_1,x_2,\cdots,x_n)^{\mathrm{T}} \tag{4}$$

$$\boldsymbol{A}=\begin{bmatrix} a_{11} & a_{12} & \cdots & a_{1n} \\ a_{21} & a_{22} & \cdots & a_{2n} \\ \vdots & \vdots & & \vdots \\ a_{n1} & a_{n2} & \cdots & a_{nn} \end{bmatrix} \tag{5}$$

称式(3)为二次型(2)的**矩阵符号表达式**;称式(5)中的矩阵 $\boldsymbol{A}$ 为二次型(2)的**矩阵**,且由于 $a_{ij}=a_{ji}$,则 $\boldsymbol{A}$ 为对称矩阵;称式(5)中的矩阵 $\boldsymbol{A}$ 的秩为二次型(2)的**秩**. 进一步可以得到标准形的二次型所对应的矩阵表达式为

$$f(x_1,x_2,\cdots,x_n)=\boldsymbol{x}^{\mathrm{T}}\begin{bmatrix} a_{11} & & & \\ & a_{22} & & \\ & & \ddots & \\ & & & a_{nn} \end{bmatrix}\boldsymbol{x} \tag{6}$$

例 5.2 试求以下二次型的矩阵符号表达式.

(1) $f(x_1,x_2,x_3)=x_1^2+x_2^2-x_3^2+2x_1x_2+4x_1x_3-2x_2x_3$;

(2) $f(x_1,x_2,x_3)=x_1^2+2x_1x_2+x_3^2$.

解 (1) 将 $f(x_1,x_2,x_3)=x_1^2+x_2^2-x_3^2+2x_1x_2+4x_1x_3-2x_2x_3$ 表示为式(2)的形式

$$\begin{aligned} f(x_1,x_2,x_3)=x_1^2+x_2^2-x_3^2+2x_1x_2+4x_1x_3-2x_2x_3= \\ x_1^2+x_1x_2+2x_1x_3+x_2x_1+x_2^2-x_2x_3+ \\ 2x_3x_1-x_3x_2-x_3^2 \end{aligned}$$

则有

$$\boldsymbol{A}=\begin{bmatrix} 1 & 1 & 2 \\ 1 & 1 & -1 \\ 2 & -1 & -1 \end{bmatrix},\quad \boldsymbol{x}=(x_1,x_2,x_3)^{\mathrm{T}}$$

则有

$$f(x_1,x_2,x_3)=\boldsymbol{x}^{\mathrm{T}}\boldsymbol{A}\boldsymbol{x}=(x_1,x_2,x_3)\begin{bmatrix} 1 & 1 & 2 \\ 1 & 1 & -1 \\ 2 & -1 & -1 \end{bmatrix}\begin{bmatrix} x_1 \\ x_2 \\ x_3 \end{bmatrix}$$

(2) 将 $f(x_1,x_2,x_3)=x_1^2+2x_1x_2+x_3^2$ 表示为式(2)的形式

$$f(x_1,x_2,x_3)=x_1^2+2x_1x_2+x_3^2=x_1^2+x_1x_2+x_2x_1+x_3^2$$

则有

$$\boldsymbol{A}=\begin{bmatrix} 1 & 1 & 0 \\ 1 & 0 & 0 \\ 0 & 0 & 1 \end{bmatrix},\quad \boldsymbol{x}=(x_1,x_2,x_3)^{\mathrm{T}}$$

则有

$$f(x_1,x_2,x_3)=\boldsymbol{x}^{\mathrm{T}}\boldsymbol{A}\boldsymbol{x}=(x_1,x_2,x_3)\begin{bmatrix} 1 & 1 & 0 \\ 1 & 0 & 0 \\ 0 & 0 & 1 \end{bmatrix}\begin{bmatrix} x_1 \\ x_2 \\ x_3 \end{bmatrix}$$

5.2 合同矩阵

矩阵 $\boldsymbol{A}$ 与 $\boldsymbol{B}$ 满足不同的等式，从而确定矩阵 $\boldsymbol{A}$ 与 $\boldsymbol{B}$ 之间的相应关系，例如：$\boldsymbol{P},\boldsymbol{Q}$ 可逆，若 $\boldsymbol{B}=\boldsymbol{QAP}$，则 $\boldsymbol{A}$ 与 $\boldsymbol{B}$ 等价；若 $\boldsymbol{B}=\boldsymbol{P}^{-1}\boldsymbol{AP}$，则 $\boldsymbol{A}$ 与 $\boldsymbol{B}$ 相似. 特别地，若 $\boldsymbol{P}$ 为正交矩阵，相似的矩阵 $\boldsymbol{A}$ 与 $\boldsymbol{B}$ 满足的等式可进一步表示为 $\boldsymbol{B}=\boldsymbol{P}^{\mathrm{T}}\boldsymbol{AP}$. 那么若存在可逆矩阵 $\boldsymbol{P}$，使得矩阵 $\boldsymbol{A}$ 与 $\boldsymbol{B}$ 满足 $\boldsymbol{B}=\boldsymbol{P}^{\mathrm{T}}\boldsymbol{AP}$，则 $\boldsymbol{A}$ 与 $\boldsymbol{B}$ 就称为合同的. 在本节中，将针对合同矩阵的相关知识进行学习.

定义 5.2 设 n 阶方阵 $\boldsymbol{A}$ 和 $\boldsymbol{B}$，若存在可逆矩阵 $\boldsymbol{P}$，使得 $\boldsymbol{B}=\boldsymbol{P}^{\mathrm{T}}\boldsymbol{AP}$，则称 n 阶方阵 $\boldsymbol{A}$ 与 $\boldsymbol{B}$ 合同，记作 $\boldsymbol{A}\simeq\boldsymbol{B}$.

合同的性质：

(1) 反身性：$\boldsymbol{A}\simeq\boldsymbol{A}$；

(2) 对称性：$\boldsymbol{A}\simeq\boldsymbol{B}$ 则 $\boldsymbol{B}\simeq\boldsymbol{A}$；

(3) 传递性：若 $\boldsymbol{A}\simeq\boldsymbol{B},\boldsymbol{B}\simeq\boldsymbol{C}$，则 $\boldsymbol{A}\simeq\boldsymbol{C}$.

定理 5.1 矩阵 $\boldsymbol{A}$ 与矩阵 $\boldsymbol{B}$ 合同，则 $R(\boldsymbol{A})=R(\boldsymbol{B})$.

定义 5.3 设两组变量 $x_1,x_2,\cdots,x_n$ 和 $y_1,y_2,\cdots,y_m$，若这两组变量存在以下关系：

$$\begin{cases}x_1=p_{11}y_1+p_{12}y_2+\cdots+p_{1m}y_m\\x_2=p_{21}y_1+p_{22}y_2+\cdots+p_{2m}y_m\\\qquad\vdots\\x_n=p_{n1}y_1+p_{n2}y_2+\cdots+p_{nm}y_m\end{cases}\tag{7}$$

或矩阵形式

$$\boldsymbol{x}=\boldsymbol{Py}\tag{8}$$

其中

$$\boldsymbol{x}=(x_1,x_2,\cdots,x_n)^{\mathrm{T}},\quad\boldsymbol{y}=(y_1,y_2,\cdots,y_m)^{\mathrm{T}},\quad\boldsymbol{P}=\begin{bmatrix}p_{11}&p_{12}&\cdots&p_{1m}\\p_{21}&p_{22}&\cdots&p_{2m}\\\vdots&\vdots&&\vdots\\p_{n1}&p_{n2}&\cdots&p_{nm}\end{bmatrix}$$

则称式(7) 和式(8) 为从变量 $y_1,y_2,\cdots,y_m$ 到变量 $x_1,x_2,\cdots,x_n$ 的**线性变换**. 当矩阵 $\boldsymbol{P}$ 可逆时，称该线性变换为**可逆线性变换**；当矩阵 $\boldsymbol{P}$ 为正交矩阵时，称该线性变换为**正交线性变换**.

若两组变量 $\boldsymbol{x}=(x_1,x_2,\cdots,x_n)^{\mathrm{T}},\boldsymbol{y}=(y_1,y_2,\cdots,y_n)^{\mathrm{T}}$ 满足可逆线性变换 $\boldsymbol{x}=\boldsymbol{Py}$，则有二次型

$$f=\boldsymbol{x}^{\mathrm{T}}\boldsymbol{Ax}=(\boldsymbol{Py})^{\mathrm{T}}\boldsymbol{APy}=\boldsymbol{y}^{\mathrm{T}}\boldsymbol{P}^{\mathrm{T}}\boldsymbol{APy}=\boldsymbol{y}^{\mathrm{T}}\boldsymbol{By}$$

其中 $\boldsymbol{A}$ 和 $\boldsymbol{B}$ 满足等式 $\boldsymbol{B}=\boldsymbol{P}^{\mathrm{T}}\boldsymbol{AP}$，即 $\boldsymbol{A}\simeq\boldsymbol{B}$. 由定理 5.1 可知，$R(\boldsymbol{A})=R(\boldsymbol{B})$，则可得到以下结论：可逆线性变换不改变二次型的秩.

若想将二次型 $f(x_1,x_2,\cdots,x_n)=\boldsymbol{x}^{\mathrm{T}}\boldsymbol{Ax}$ 通过线性变换转化为标准形，只需找到可逆线性变换矩阵 $\boldsymbol{P}$，使得 $\boldsymbol{P}^{\mathrm{T}}\boldsymbol{AP}=\boldsymbol{\Lambda}$，其中 $\boldsymbol{\Lambda}$ 为某对角阵. 结合第 4 章的知识，很容易得到以下结论：由于二次型矩阵为对称矩阵，则必可相似对角化，可以利用正交矩阵 $\boldsymbol{P}$，将矩阵 $\boldsymbol{A}$ 相

似对角化，则 $\boldsymbol{P}$ 即为要找的可逆线性变换矩阵.

定理 5.2 任一二次型 $f(x_1,x_2,\cdots,x_n)=\boldsymbol{x}^{\mathrm{T}}\boldsymbol{A}\boldsymbol{x}$，其中 $\boldsymbol{A}=\boldsymbol{A}^{\mathrm{T}}$，一定能找到一个正交变换 $\boldsymbol{x}=\boldsymbol{P}\boldsymbol{y}$，使得二次型

$$f=\lambda_1 y_1^2+\lambda_2 y_2^2+\cdots+\lambda_n y_n^2 \tag{9}$$

其中，$\lambda_i,i=1,2,\cdots,n$ 为二次型矩阵 $\boldsymbol{A}$ 的 n 个特征值(重根按重数算).

定理 5.2 的结论很容易通过二次型的定义与第 4 章的知识得到.

推论 任一二次型 $f(x_1,x_2,\cdots,x_n)=\boldsymbol{x}^{\mathrm{T}}\boldsymbol{A}\boldsymbol{x}$，其中 $\boldsymbol{A}=\boldsymbol{A}^{\mathrm{T}}$，一定能找到一个可逆变换 $\boldsymbol{x}=\boldsymbol{Q}\boldsymbol{z}$，使得二次型化为规范形

$$f=z_1^2+z_2^2+\cdots+z_s^2-z_{s+1}^2-\cdots-z_k^2 \tag{10}$$

其中，k 为二次型矩阵 $\boldsymbol{A}$ 的非零特征值个数，s 为二次型矩阵 $\boldsymbol{A}$ 的非零特征值中正数的个数(重根按重数算). $\boldsymbol{Q}=\boldsymbol{P}\boldsymbol{K}$，其中 $\boldsymbol{P}$ 即为定义 5.3 中的正交变换矩阵 $\boldsymbol{P}$

$$\boldsymbol{K}=\begin{bmatrix} k_1 & & & \\ & k_2 & & \\ & & \ddots & \\ & & & k_n \end{bmatrix}$$

其中

$$k_i=\begin{cases} \dfrac{1}{\sqrt{|\lambda_i|}} & (\lambda_i\neq 0) \\ 1 & (\lambda_i=0) \end{cases},i=1,2,\cdots,n$$

化二次型为规范形的步骤：

(1) 找到正交变换矩阵 $\boldsymbol{P}$，使得二次型矩阵 $\boldsymbol{A}\simeq\boldsymbol{\Lambda}$；

(2) 对二次型 f 进行正交变换 $\boldsymbol{x}=\boldsymbol{P}\boldsymbol{y}$，得到标准形；

(3) 取 $\boldsymbol{K}=\begin{bmatrix} k_1 & & & \\ & k_2 & & \\ & & \ddots & \\ & & & k_n \end{bmatrix}$，其中 $k_i=\begin{cases} \dfrac{1}{\sqrt{|\lambda_i|}} & (\lambda_i\neq 0) \\ 1 & (\lambda_i=0) \end{cases},i=1,2,\cdots,n$；

(4) 对二次型 f 进行可逆变换 $\boldsymbol{x}=\boldsymbol{P}\boldsymbol{K}\boldsymbol{z}$，得到标准形.

例 5.3 试求一个正交变换 $\boldsymbol{x}=\boldsymbol{P}\boldsymbol{y}$，将二次型

$$f(x_1,x_2,x_3)=-2x_1x_2+2x_1x_3+2x_2x_3$$

化为标准形和规范形.

解 二次型 $f(x_1,x_2,x_3)=-2x_1x_2+2x_1x_3+2x_2x_3$ 的矩阵为

$$\boldsymbol{A}=\begin{bmatrix} 0 & -1 & 1 \\ -1 & 0 & 1 \\ 1 & 1 & 0 \end{bmatrix}$$

由

$$|\boldsymbol{A}-\lambda\boldsymbol{E}|=0$$

得特征值为 $\lambda_1=-2,\lambda_2=\lambda_3=1$，由

$$(\boldsymbol{A}+2\boldsymbol{E})\boldsymbol{x}=\boldsymbol{0}$$

得 $\lambda_1=-2$ 所对应的特征向量为 $\boldsymbol{\eta}=(-1,-1,1)^{\mathrm{T}}$，由

$$(\boldsymbol{A}-\boldsymbol{E})\boldsymbol{x}=\boldsymbol{0}$$

得 $\lambda_2=\lambda_3=1$ 所对应的特征向量为 $\boldsymbol{\eta}_2=(-1,1,0)^{\mathrm{T}}$，$\boldsymbol{\eta}_3=(1,0,1)^{\mathrm{T}}$. 对 $\boldsymbol{\eta}_2$，$\boldsymbol{\eta}_3$ 正交化

$$\boldsymbol{\eta}'_2=\boldsymbol{\eta}_2,\quad \boldsymbol{\eta}'_3=\boldsymbol{\eta}_3-\frac{[\boldsymbol{\eta}'_2,\boldsymbol{\eta}_3]}{[\boldsymbol{\eta}'_2,\boldsymbol{\eta}'_2]}$$

得

$$\boldsymbol{\eta}'_2=(-1,1,0)^{\mathrm{T}},\quad \boldsymbol{\eta}'_3=\left(\frac{1}{2},\frac{1}{2},1\right)^{\mathrm{T}}$$

对向量组 η_1，$\boldsymbol{\eta}'_2$，$\boldsymbol{\eta}'_3$ 进行单位化

$$\boldsymbol{p}_1=\frac{\boldsymbol{\eta}_1}{\|\boldsymbol{\eta}_1\|},\quad \boldsymbol{p}_2=\frac{\boldsymbol{\eta}'_2}{\|\boldsymbol{\eta}'_2\|},\quad \boldsymbol{p}_3=\frac{\boldsymbol{\eta}'_3}{\|\boldsymbol{\eta}'_3\|}$$

得到

$$\boldsymbol{p}_1=\left(-\frac{1}{\sqrt{3}},-\frac{1}{\sqrt{3}},\frac{1}{\sqrt{3}}\right)^{\mathrm{T}},\quad \boldsymbol{p}_2=\left(-\frac{1}{\sqrt{2}},\frac{1}{\sqrt{2}},0\right)^{\mathrm{T}},\quad \boldsymbol{p}_3=\left(\frac{1}{\sqrt{6}},\frac{1}{\sqrt{6}},\frac{2}{\sqrt{6}}\right)^{\mathrm{T}}$$

则 $\boldsymbol{P}=(\boldsymbol{p}_1,\boldsymbol{p}_2,\boldsymbol{p}_3)$ 即所求正交变换矩阵，经过正交线性变换

$$(x_1,x_2,x_3)^{\mathrm{T}}=\begin{bmatrix}-\frac{1}{\sqrt{3}} & -\frac{1}{\sqrt{2}} & \frac{1}{\sqrt{6}}\\ -\frac{1}{\sqrt{3}} & \frac{1}{\sqrt{2}} & \frac{1}{\sqrt{6}}\\ \frac{1}{\sqrt{3}} & 0 & \frac{2}{\sqrt{6}}\end{bmatrix}(y_1,y_2,y_3)^{\mathrm{T}}$$

从而二次型转化为标准形 $f=-2y_1^2+y_2^2+y_3^2$.

取 $k_j=\dfrac{1}{\sqrt{|\lambda_j|}}$，$j=1,2,3$，则有 $\boldsymbol{K}=\begin{bmatrix}\frac{\sqrt{2}}{2} & & \\ & 1 & \\ & & 1\end{bmatrix}$，则经过正交变换

$$(x_1,x_2,x_3)^{\mathrm{T}}=\begin{bmatrix}-\frac{1}{\sqrt{3}} & -\frac{1}{\sqrt{2}} & \frac{1}{\sqrt{6}}\\ -\frac{1}{\sqrt{3}} & \frac{1}{\sqrt{2}} & \frac{1}{\sqrt{6}}\\ \frac{1}{\sqrt{3}} & 0 & \frac{2}{\sqrt{6}}\end{bmatrix}\begin{bmatrix}\frac{\sqrt{2}}{2} & & \\ & 1 & \\ & & 1\end{bmatrix}(z_1,z_2,z_3)^{\mathrm{T}}$$

从而二次型转化为标准形 $f=-z_1^2+z_2^2+z_3^2$.

5.3 利用配方法化二次型为标准形

除去5.2节中所介绍的化二次型为标准形的方法之外，还可以利用配方的方法进行转化. 在本节中，将针对配方法化二次型这一常用方法进行介绍.

例 5.4 利用配方法化二次型 $f=x_1^2+2x_3^2+2x_1x_3+2x_2x_3$ 为标准形，并求出所用的变换矩阵.

解 利用配方法

$$
\begin{aligned}
f=x_1^2+2x_3^2+2x_1x_3+2x_2x_3= \\
(x_1^2+2x_1x_3)+2x_3^2+2x_2x_3= \\
(x_1+x_3)^2-x_3^2+2x_3^2+2x_2x_3= \\
(x_1+x_3)^2+(x_3^2+2x_2x_3)= \\
(x_1+x_3)^2+(x_3+x_2)^2-x_2^2
\end{aligned}
$$

则取

$$
\begin{cases}
y_1=x_1+x_3 \\
y_2=x_2 \\
y_3=x_2+x_3
\end{cases}
$$

即

$$
\begin{cases}
x_1=y_1+y_2-y_3 \\
x_2=y_2 \\
x_3=-y_2+y_3
\end{cases}
$$

或

$$
\boldsymbol{x}=\begin{bmatrix}1 & 1 & -1 \\ 0 & 1 & 0 \\ 0 & -1 & 1\end{bmatrix}\boldsymbol{y}=\boldsymbol{C}\boldsymbol{y}
$$

则有

$$
f=y_1^2-y_2^2+y_3^2
$$

由于 $|\boldsymbol{C}|=1\neq 0$,则所用变换矩阵为

$$
\boldsymbol{C}=\begin{bmatrix}1 & 1 & -1 \\ 0 & 1 & 0 \\ 0 & -1 & 1\end{bmatrix}
$$

例 5.5 利用配方法化二次型 $f=x_1x_3+x_2x_3$ 为标准形,并求出所用的变换矩阵.

解 注意到 $f=x_1x_3+x_2x_3$ 中没有平方项,但有两项相乘,为了出现平方项,则设

$$
\begin{cases}
x_1=y_1+y_3 \\
x_2=y_2 \\
x_3=y_1-y_3
\end{cases}
$$

或

$$
\boldsymbol{x}=\begin{bmatrix}1 & 0 & 1 \\ 0 & 1 & 0 \\ 1 & 0 & -1\end{bmatrix}\boldsymbol{y}=\boldsymbol{A}\boldsymbol{y}
$$

则有

$$
\begin{aligned}
f=(y_1+y_3)(y_1-y_3)+y_2(y_1-y_3)= \\
y_1^2-y_3^2+y_1y_2-y_2y_3= \\
(y_1^2+y_1y_2)-y_3^2-y_2y_3=
\end{aligned}
$$

$$\left(y_1+\frac{1}{2}y_2\right)^2-\frac{1}{4}y_2^2-y_3^2-y_2y_3=$$

$$\left(y_1+\frac{1}{2}y_2\right)^2-\left(\frac{1}{4}y_2^2+y_2y_3\right)-y_3^2=$$

$$\left(y_1+\frac{1}{2}y_2\right)^2-\left(\frac{1}{2}y_2+y_3\right)^2+y_3^2-y_3^2=$$

$$\left(y_1+\frac{1}{2}y_2\right)^2-\left(\frac{1}{2}y_2+y_3\right)^2$$

则取

$$\begin{cases} z_1=y_1+\dfrac{1}{2}y_2 \\ z_2=\dfrac{1}{2}y_2+y_3 \\ z_3=y_3 \end{cases}$$

即

$$\begin{cases} y_1=z_1-z_2+z_3 \\ y_2=2z_2-2z_3 \\ y_3=z_3 \end{cases}$$

或

$$\boldsymbol{y}=\begin{bmatrix}1 & -1 & 1\\ 0 & 2 & -2\\ 0 & 0 & 1\end{bmatrix}\boldsymbol{z}=\boldsymbol{Bz}$$

则有

$$f=z_1^2-z_2^2$$

由于 $|\boldsymbol{C}|=|\boldsymbol{AB}|=-4\neq 0$，则所用变换矩阵为

$$\boldsymbol{C}=\boldsymbol{AB}=\begin{bmatrix}1 & 0 & 1\\ 0 & 1 & 0\\ 1 & 0 & -1\end{bmatrix}\begin{bmatrix}1 & -1 & 1\\ 0 & 2 & -2\\ 0 & 0 & 1\end{bmatrix}=\begin{bmatrix}1 & -1 & 2\\ 0 & 2 & -2\\ 1 & -1 & 0\end{bmatrix}$$

5.4　正定二次型

二次型 $f(x_1,x_2)=x_1^2+x_2^2$，若 $(x_1,x_2)^{\mathrm{T}}=\boldsymbol{0}$，则必有 $f(x_1,x_2)=x_1^2+x_2^2>0$；二次型 $f(x_1,x_2)=-x_1^2-x_2^2$，若 $(x_1,x_2)^{\mathrm{T}}\neq\boldsymbol{0}$，则必有 $f(x_1,x_2)=-x_1^2-x_2^2<0$. 对于一类特殊的二次型，只要 $\boldsymbol{x}\neq\boldsymbol{0}$ 则二次型与零之间有恒定的关系. 在本节中，将针对这类特殊的二次型来进行介绍.

定义 5.4　若二次型 $f=\boldsymbol{x}^{\mathrm{T}}\boldsymbol{Ax}$，对于任意非零向量 $\boldsymbol{x}$ 都有 $f>0(f\geqslant 0)$，则称二次型 f 为**正定二次型**(半正定二次型)，称二次型矩阵 $\boldsymbol{A}$ 为**正定的**(半正定的). 若二次型 $f=\boldsymbol{x}^{\mathrm{T}}\boldsymbol{Ax}$，对于任意非零向量 $\boldsymbol{x}$ 都有 $f<0(f\leqslant 0)$，则称二次型 f 为**负定二次型**(半负定二次型)，称二次型矩阵 $\boldsymbol{A}$ 为**负定的**(半负定的).

例 5.6 试判断以下二次型的正定性：

(1) $f(x_1,x_2,x_3)=x_1^2+2x_2^2+x_3^2$；

(2) $f(x_1,x_2,x_3)=x_1^2+x_3^2$.

解 (1) 为正定的；

(2) 为半正定.

当 $(x_1,x_2,x_3)=(0,1,0)$ 时 $f(x_1,x_2,x_3)=x_1^2+x_3^2=0$.

定理 5.3 二次型 $f=\boldsymbol{x}^{\mathrm{T}}\boldsymbol{A}\boldsymbol{x}$ 为正(负)定的充分必要条件：矩阵 $\boldsymbol{A}$ 的特征值都为正(负)的.

证明 设二次型 $f=\boldsymbol{x}^{\mathrm{T}}\boldsymbol{A}\boldsymbol{x}$ 经过正交变换 $\boldsymbol{x}=\boldsymbol{P}\boldsymbol{y}$ 后得到的标准形为

$$f=\lambda_1 y_1^2+\lambda_2 y_2^2+\cdots+\lambda_n y_n^2 \tag{11}$$

其中，$\lambda_i,i=1,2,\cdots,n$ 为二次型矩阵 $\boldsymbol{A}$ 的 n 个特征值.

充分性：设矩阵 $\boldsymbol{A}$ 的 n 个特征值 $\lambda_i>0,i=1,2,\cdots,n$，对于任一非零向量 $\boldsymbol{x}$，经过正交变换 $\boldsymbol{x}=\boldsymbol{P}\boldsymbol{y}$，有 $\boldsymbol{y}\neq\boldsymbol{0}$. 将 $\boldsymbol{y}$ 代入式(11) 有 $f>0$，即二次型 f 为正定二次型.

必要性：用反证法.

已知 $f=\boldsymbol{x}^{\mathrm{T}}\boldsymbol{A}\boldsymbol{x}$ 为正定二次型，假设 $\boldsymbol{A}$ 的特征值中存在某个非正的值，不妨设 $\lambda_1\leqslant 0$，则取 $\boldsymbol{y}=(1,0,0,\cdots,0)^{\mathrm{T}}$，将 $\boldsymbol{y}$ 代入式(11) 有 $f=\lambda_1\leqslant 0$，则二次型 f 为非正定二次型，与假设矛盾.

负定部分请读者仿照以上证明过程自行练习.

综上，定理得证.

推论 1 n 元二次型 $f=\boldsymbol{x}^{\mathrm{T}}\boldsymbol{A}\boldsymbol{x}$ 为正定的充分必要条件是二次型 f 的规范形为

$$f=z_1^2+z_2^2+\cdots+z_n^2$$

推论 2 实对称矩阵 $\boldsymbol{A}$ 为正定的充分必要条件为 $\boldsymbol{A}\simeq\boldsymbol{E}$，其中 $\boldsymbol{E}$ 为同阶单位阵.

例 5.7 试判断以下二次型是否为正定的：

(1) $f=2x_1^2+5x_2^2+5x_3^2+4x_1x_2-4x_1x_3-8x_2x_3$；

(2) $f=x_1^2+x_2^2+6x_3^2+4x_1x_2+6x_1x_3+6x_2x_3$.

解 (1) 二次型 $f=2x_1^2+5x_2^2+5x_3^2+4x_1x_2-4x_1x_3-8x_2x_3$ 的矩阵为

$$\boldsymbol{A}=\begin{bmatrix}2 & 2 & -2\\ 2 & 5 & -4\\ -2 & -4 & 5\end{bmatrix}$$

矩阵 $\boldsymbol{A}$ 的特征值为 1,1,10，则二次型是正定的.

(2) 二次型 $f=x_1^2+x_2^2+6x_3^2+4x_1x_2+6x_1x_3+6x_2x_3$ 的矩阵为

$$\boldsymbol{A}=\begin{bmatrix}1 & 2 & 3\\ 2 & 1 & 3\\ 3 & 3 & 6\end{bmatrix}$$

矩阵 $\boldsymbol{A}$ 的特征值为 $-1,0,9$，则二次型不是正定的.

下面不加证明地给出以下定理.

定理 5.4 (赫尔维茨定理) 对称矩阵 $\boldsymbol{A}$ 为正定的充分必要条件是 $\boldsymbol{A}$ 的各阶主子式都为正，即

$$a_{11}>0,\quad \begin{vmatrix} a_{11} & a_{12} \\ a_{21} & a_{22} \end{vmatrix}>0,\quad \cdots,\quad \begin{vmatrix} a_{11} & a_{12} & \cdots & a_{1n} \\ a_{21} & a_{22} & \cdots & a_{2n} \\ \vdots & \vdots & & \vdots \\ a_{n1} & a_{n2} & \cdots & a_{nn} \end{vmatrix}>0$$

对称矩阵 **A** 为负定的充分必要条件是 **A** 的奇数阶主子式为负，而偶数阶主子式为正，即

$$(-1)^r \begin{vmatrix} a_{11} & \cdots & a_{1r} \\ \vdots & & \vdots \\ a_{r1} & \cdots & a_{rr} \end{vmatrix}>0\quad (r=1,2,\cdots,n)$$

例 5.8　试利用赫尔维茨定理判断以下二次型的正定性：

(1) $f=2x_1^2+5x_2^2+5x_3^2+4x_1x_2-4x_1x_3-8x_2x_3$；

(2) $f=-2x_1^2-6x_2^2-4x_3^2+2x_1x_2+2x_1x_3$.

解　(1) 二次型 $f=2x_1^2+5x_2^2+5x_3^2+4x_1x_2-4x_1x_3-8x_2x_3$ 的矩阵为

$$\boldsymbol{A}=\begin{bmatrix} 2 & 2 & -2 \\ 2 & 5 & -4 \\ -2 & -4 & 5 \end{bmatrix}$$

$$2>0,\quad \begin{vmatrix} 2 & 2 \\ 2 & 5 \end{vmatrix}=6>0,\quad \begin{vmatrix} 2 & 2 & -2 \\ 2 & 5 & -4 \\ -2 & -4 & 5 \end{vmatrix}=10>0$$

则二次型 f 是正定的.

(2) 二次型 $f=-2x_1^2-6x_2^2-4x_3^2+2x_1x_2+2x_1x_3$ 的矩阵为

$$\boldsymbol{A}=\begin{bmatrix} -2 & 1 & 1 \\ 1 & -6 & 0 \\ 1 & 0 & -4 \end{bmatrix}$$

$$-2<0,\quad \begin{vmatrix} -2 & 1 \\ 1 & -6 \end{vmatrix}=11>0,\quad \begin{vmatrix} -2 & 1 & 1 \\ 1 & -6 & 0 \\ 1 & 0 & -4 \end{vmatrix}=-38<0$$

则二次型 f 是负定的.

习　　题　　五

一、选择题

1. 以下表达式不是二次型的为　　　　　　　　(　　)

A. $f(x,y,z)=xy+xz+yz$　　　　B. $f(x,y,z)=x^2$

C. $f(x,y,z)=xy+xz+4y$　　　　D. $f(x,y,z)=x^2+y^2+z^2$

2. 已知矩阵 **A** 与 **B** 合同，则有　　　　　　　　(　　)

A. $|\boldsymbol{A}|=|\boldsymbol{B}|$　　　　B. $\boldsymbol{A}=\boldsymbol{B}$

C. $R(\boldsymbol{A})=R(\boldsymbol{B})$　　　　D. $\boldsymbol{AB}=\boldsymbol{E}$

3. 已知正定矩阵 $\boldsymbol{A}$,则有 ( )

A. $|\boldsymbol{A}|>0$　　B. $|\boldsymbol{A}|\geqslant 0$　　C. $|\boldsymbol{A}|<0$　　D. $|\boldsymbol{A}|\leqslant 0$

4. 已知矩阵 $\begin{bmatrix} a & b & c \\ d & e & f \\ g & h & k \end{bmatrix}$ 为正定矩阵,则 $\begin{vmatrix} a & b \\ d & e \end{vmatrix}$ 满足 ( )

A. $\begin{vmatrix} a & b \\ d & e \end{vmatrix}\geqslant 0$　　B. $\begin{vmatrix} a & b \\ d & e \end{vmatrix}>0$　　C. $\begin{vmatrix} a & b \\ d & e \end{vmatrix}\leqslant 0$　　D. $\begin{vmatrix} a & b \\ d & e \end{vmatrix}<0$

5. 已知矩阵 $\begin{bmatrix} a & b & c \\ d & e & f \\ g & h & k \end{bmatrix}$ 为负定矩阵,则 $a\begin{vmatrix} a & b \\ d & e \end{vmatrix}$ 满足 ( )

A. $a\begin{vmatrix} a & b \\ d & e \end{vmatrix}\geqslant 0$　　B. $a\begin{vmatrix} a & b \\ d & e \end{vmatrix}>0$　　C. $a\begin{vmatrix} a & b \\ d & e \end{vmatrix}\leqslant 0$　　D. $a\begin{vmatrix} a & b \\ d & e \end{vmatrix}<0$

二、填空题

1. 已知二次型 $f(x,y,z)=2x^2-4xy+2yz+y^2+z^2$,则 f 的矩阵表达式为________.

2. 已知二次型 $f(x,y,z)=2x^2-xy+xz+yz-3z^2$,则 f 的秩为________.

3. 若矩阵 $\boldsymbol{A}$ 与矩阵 $\boldsymbol{B}$ 满足 $\boldsymbol{B}=\boldsymbol{P}^{\mathrm{T}}\boldsymbol{A}\boldsymbol{P}$,其中 $\boldsymbol{P}$ 可逆,则矩阵 $\boldsymbol{A}$ 与矩阵 $\boldsymbol{B}$ ________.

4. 已知矩阵 $\boldsymbol{A}=\begin{bmatrix} 3 & 4 & 3 \\ -1 & 2 & 5 \\ 6 & 4 & 1 \end{bmatrix}$ 与矩阵 $\boldsymbol{B}$ 合同,则 $R(\boldsymbol{B})=$________.

5. 矩阵 $\boldsymbol{A}=\begin{bmatrix} 2 & 1 \\ 3 & 2 \end{bmatrix}$ 的正定性为________.

6. 矩阵 $\boldsymbol{A}=\begin{bmatrix} 0 & 2 & 0 \\ 2 & 3 & 0 \\ 0 & 0 & -4 \end{bmatrix}$,且 $k\boldsymbol{E}+\boldsymbol{A}$ 是正定矩阵,则 k 的取值范围是________.

三、计算及证明题

1. 试求以下二次型的矩阵表达式:

(1) $f=2xy+5y^2$;

(2) $f=x^2-2xy+5y^2-6yz-3z^2$;

(3) $f=x^2-y^2+3z^2+4xy+8xz-6yz-w^2$.

2. 试写出以下二次型的矩阵:

(1) $f(\boldsymbol{x})=\boldsymbol{x}^{\mathrm{T}}\begin{bmatrix} 2 & 1; \\ 3 & 1 \end{bmatrix}\boldsymbol{x}$

(2) $f(\boldsymbol{x})=\boldsymbol{x}^{\mathrm{T}}\begin{bmatrix} 1 & 2 & 3 \\ 4 & 5 & 6 \\ 7 & 8 & 9 \end{bmatrix}\boldsymbol{x}$.

3. 已知 $f(x,y,z)=5x^2+5y^2+\lambda z^2-2xy-6yz+6xz$ 的秩为 2,试求 λ 的值.

4. 试求正交变换矩阵 $\boldsymbol{P}$，化以下二次型为标准形：

(1) $2x^2+4xy-4xz+5y^2-8yz+5z^2$；

(2) $2xy+4xz$.

5. 设二次型 $f(x,y,z)=x^2+y^2+z^2+2axy+2byz+2xz$，经正交变换化为标准形 $f=u^2+2v^2$，试求常数 a 和 b.

6. 设二次型 $f(x_1,x_2,x_3)=2x_1^2+3x_2^2+2tx_2x_3+3x_3^2$（其中 $t>0$），经正交变换化为 $f(y_1,y_2,y_3)=2y_1^2+y_2^2+5y_3^2$.

(1) 求 t 及正交变换 $\boldsymbol{x}=\boldsymbol{P}\boldsymbol{y}$；

(2) 求二次型 f 在条件 $x_1^2+x_2^2+x_3^2=1$ 下的最大值和最小值.

7. 用配方法化下列二次型为标准形，并写出所用的变换矩阵.

(1) $f(x,y,z)=x^2+3y^2+5z^2+2xy-4xz$；

(2) $f(x,y,z)=x^2+2z^2+2xz+2yz$；

(3) $f(x,y,z)=2x^2+y^2+4z^2+2xy-2yz$.

8. 试求使 $f(x,y,z)=\lambda(x^2+y^2+z^2)+2xy+2yz+2xz$ 正定的 λ 的值.

9. 已知矩阵 $\boldsymbol{A}$ 为正定矩阵，$\boldsymbol{C}$ 为实可逆矩阵，试证 $\boldsymbol{C}^{\mathrm{T}}\boldsymbol{A}\boldsymbol{C}$ 为实对称正定矩阵.

10. 设 $\boldsymbol{A},\boldsymbol{B}$ 为同阶的正定矩阵，试证 $\boldsymbol{A}+\boldsymbol{B}$ 也正定.

11. 设 $\boldsymbol{A}$ 为正定矩阵，试证 $\boldsymbol{A}^{-1}$ 也正定.

12. 已知矩阵 $\boldsymbol{A}$ 为正定矩阵，试证 $|\boldsymbol{E}+\boldsymbol{A}|>1$.

13. 设 $\boldsymbol{A}$ 是实对称矩阵，试证存在常数 k，当 $t>k$ 时，矩阵 $\boldsymbol{A}+t\boldsymbol{E}$ 是正定的.

14. 设 $\boldsymbol{A}$ 是 n 阶实对称矩阵，且满足 $\boldsymbol{A}^4-3\boldsymbol{A}^3+4\boldsymbol{A}^2-6\boldsymbol{A}+4\boldsymbol{E}=\boldsymbol{0}$，试证 $\boldsymbol{A}$ 是正定矩阵.

15. 设 $\boldsymbol{A}$ 是 $m\times n$ 实矩阵 $(m>n)$，试证 $\boldsymbol{A}^{\mathrm{T}}\boldsymbol{A}$ 正定的充分必要条件是 $R(\boldsymbol{A})=n$.

16. 试判断以下矩阵的正定性：

(1) $\begin{bmatrix}2&0&0\\0&3&2\\0&2&3\end{bmatrix}$；　(2) $\begin{bmatrix}-1&1&0\\1&-2&1\\-1&1&3\end{bmatrix}$；

(3) $\begin{bmatrix}5&-1&-3\\-1&5&3\\-3&3&3\end{bmatrix}$；　(4) $\begin{bmatrix}0&-1&-1\\-1&2&-1\\-1&-1&2\end{bmatrix}$.

17. 试判断以下二次型的正定性：

(1) $f(x,y,z)=-2x^2-6y^2-4z^2+2xy+2xz$；

(2) $f(x,y,z)=x^2+3y^2+9z^2-2xy+4xz$.

第 6 章

Matlab 实验

Matlab 软件于 1984 年由美国 Mathworks 公司推出. Matlab 是 Matrix Laboratory(矩阵实验室)的简称,最早是为了线性代数课程而设计,后来经过进一步发展成为现在的 Matlab 软件,是世界上优秀的数学软件之一. 该软件具有强大的计算、作图功能,自身拥有丰富的工具箱,扩展性强. 本章以 R2009a 版本为基础,介绍 Matlab 在线性代数中的一些应用.

6.1 Matlab 的基本操作

当 Matlab 运行时,会出现如图 6.1 所示的窗口.

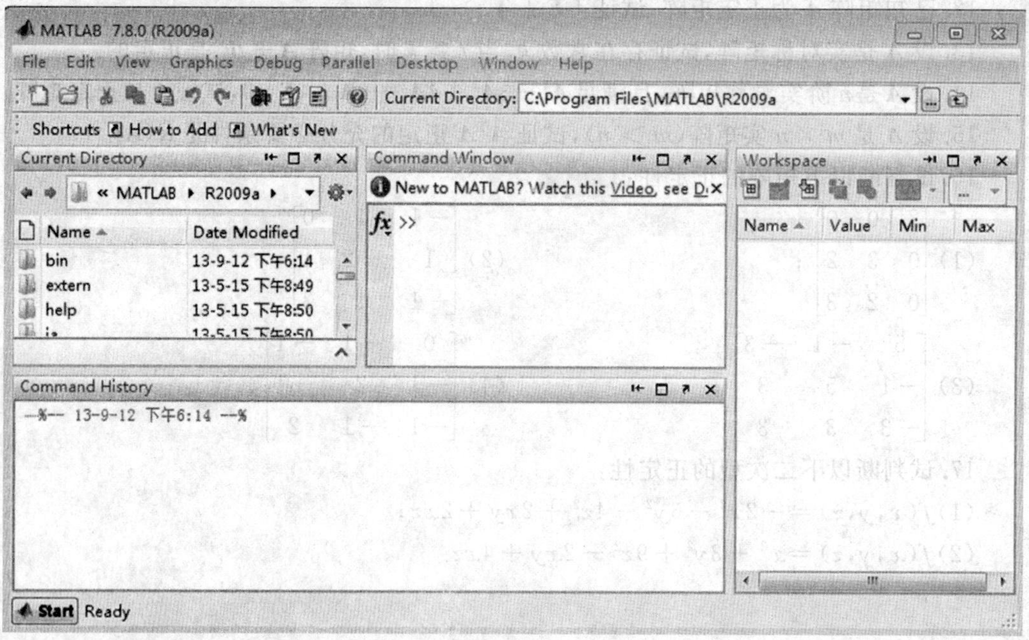

图 6.1

由每个窗口的英文名字很容易得知各个窗口的作用,依次为当前工作目录、工作窗口、工作空间、历史命令. 在工作窗口中">>"为命令提示符,在命令提示符后输入命令,回车键即可进行相应的计算. 本章中的例子都是从程序中直接粘贴出来的,可以直接利用鼠标将想要拷贝出来的部分选中,利用 Ctrl + C 组合键将其拷贝到所需要的文件中.

例 6.1　求解 $\sin\left(\frac{\pi}{6}\right)$ 的值

```
>> sin(pi/6)
ans =
  0.5000
```

其中 pi 在 Matlab 程序中表示 π，是 Matlab 中的内在变量. 表 6.1 给出几个 Matlab 中的内在变量.

表 6.1

变量	意义
ans	计算结果
pi	圆周率 π
eps	极小误差，等于 2.220 4e－016，可将其理解为高数极限定义中的 ε
inf	无穷大
i,j	虚数单位

Matlab 会将运行结果显示于"ans ="之后，若一个命令不需要显示结果只需在命令后加上";". 这一点与本系列教材《高等数学》中所介绍的软件 Mathematica 一致. 若想在语句后面加以说明，则加"%"加上想要标注或说明的语言，这部分内容不会作为语句加入计算. 若忘记了某个指令的应用过程，忘记了指令如何应用，可以使用 help 命令.

例 6.2　余弦函数命令的应用

```
>> help cos
 COS Cosine of argument in radians.
   COS(X) is the cosine of the elements of X.
   See also acos,cosd.
   Overloaded methods:
     codistributed/cos
     sym/cos
   Reference page in Help browser
     doc cos
```

表 6.2 给出 Matlab 中传统的运算符号.

表 6.2

符号	功能
+	加号
−	减号
*	乘号
/	除号
^	幂

6.2 矩阵的输入输出与基本运算

本节有关的 Matlab 函数命令见表 6.3.

表 6.3

函数	功能
[ ]	创建矩阵
,	矩阵行元素分隔符
;	矩阵列元素分隔符
eye(n)	创建 n 阶单位矩阵
rand(m,n)	生成 $m\times n$ 阶的元素为 0 到 1 的均匀分布的随机矩阵
A′	矩阵 $\boldsymbol{A}$ 的转置
det(A)	矩阵 $\boldsymbol{A}$ 的行列式
inv(A)	矩阵 $\boldsymbol{A}$ 的逆矩阵

例 6.3 已知矩阵 $\boldsymbol{A}=\begin{bmatrix}1 & 2 & 3\\4 & 0 & -5\end{bmatrix}$,$\boldsymbol{B}=\begin{bmatrix}0 & 1 & -2\\3 & 5 & 2\end{bmatrix}$,$\boldsymbol{C}=\begin{bmatrix}3 & -2 & 4\\1 & 3 & -1\\7 & 4 & 5\end{bmatrix}$,试求:

(1) 输入 $\boldsymbol{A},\boldsymbol{B},\boldsymbol{C}$;

(2) 求 $\boldsymbol{A}$ 的转置,$\boldsymbol{A}+\boldsymbol{B}$,$\boldsymbol{A}-2\boldsymbol{B}$,$\boldsymbol{AC}$,分别用 X1,X2,X3,X4 表示;

(3) 求 $\boldsymbol{C}$ 的行列式,$3\boldsymbol{C}$ 的行列式,$\boldsymbol{C}$ 的秩,分别用 X5,X6,X7 表示;

(4) 求 $\boldsymbol{C}$ 的逆矩阵,用 X8 表示.

解

Matlab 程序:

(1)

```
>> A=[1,2,3;4,0,-5]      %“,”分隔行元素,“;”分隔列元素
A=
    1  2   3
    4  0  -5
>> B=[0,1,-2;3,5,2]
B=
    0  1  -2
    3  5   2
>> C=[3,-2,4;1,3,-1;7,4,5]
C=
    3  -2   4
    1   3  -1
    7   4   5
```

如果不想有输出的形式，只需在命令后面加上“;”即可.

(2)

```
>> A=[1,2,3;4,0,-5];
>> B=[0,1,-2;3,5,2];
>> C=[3,-2,4;1,3,-1;7,4,5];
>> X1=A'
X1=
    1   4
    2   0
    3  -5
>> X2=A+B
X2=
    1  3   1
    7  5  -3
>> X3=A-2*B
X3=
      1     0    7
     -2   -10   -9
>> X4=A*C
X4=
      26    16    17
     -23   -28    -9
```

这里需要注意，X3 和 X4 的求解过程中，乘号“*”是必须存在的. 若(2) 的计算是紧跟着(1) 的命令之后的，则不需要重新输入矩阵 ***A***,***B***,***C***.

(3)

```
>> X5=det(C)
X5=
   13
>> X6=det(3*C)
X6=
   351
>> X7=rank(C)
X7=
   3
```

(4)
```
>> X8=inv(C)
X8=
```

```
     1.4615     2.0000    -0.7692
    -0.9231    -1.0000     0.5385
    -1.3077    -2.0000     0.8462
```

Matlab 中的计算都是经过迭代所得到的近似值，最终的结果不会出现分数，都是以小数的形式出现，并默认保留四位小数.

6.3 二阶、三阶行列式的几何意义

本节有关的 Matlab 函数命令见表 6.4.

表 6.4

函数	功能
abs(x)	取 x 的绝对值

二阶行列式的几何意义：平行四边形的面积.

以向量 $\boldsymbol{\alpha}=(a_1,b_1)$，$\boldsymbol{\beta}=(a_2,b_2)$ 所构成的平行四边形的面积(图 6.2)，即为二阶行列式 $\begin{vmatrix} a_1 & b_1 \\ a_2 & b_2 \end{vmatrix}$ 的绝对值.

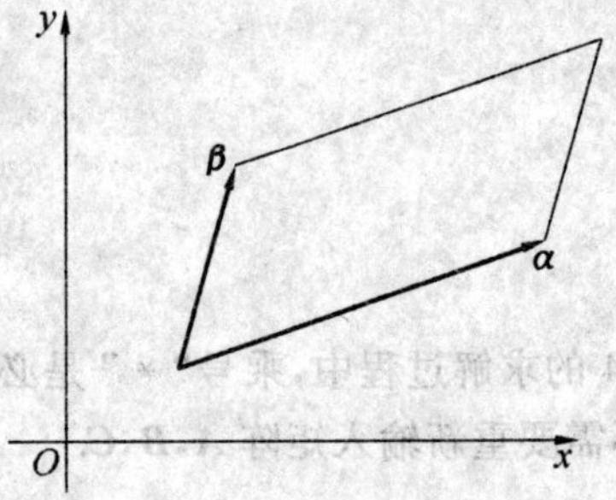

图 6.2

例 6.4 根据行列式的几何意义，计算以下图形的面积：

(1) 由向量(1,5)，(−1,1) 所构成的平行四边形的面积，用 Y1 表示；

(2) 顶点分别为(1,3)，(2，−1)，(4,1) 的三角形面积，用 Y2 表示.

解 (1) 分析：根据二阶行列式的几何意义直接可得出 Y1 为 $\begin{vmatrix} 1 & 5 \\ -1 & 1 \end{vmatrix}$ 的绝对值.

Matlab 程序：

```
>> A=[1,5;-1,1];
>> b=det(A);
>> Y1=abs(b)
Y1=
    6
```

当然在这里也可以直接这样求解：

```
>> A=[1,5;-1,1];
>> Y1=abs(det(A))
Y1=
    6
```

(2) 分析：三角形的面积为平行四边形的面积的一半，只需先求出四边形面积。确定组成平行四边形的向量，分别为(4−2,1−(−1))=(2,2)，(1−2,3−(−1))=(−1,4)。

则平行四边形面积为 $\begin{vmatrix} 2 & 2 \\ -1 & 4 \end{vmatrix}$ 的绝对值，则 Y2 为 $\frac{1}{2}\begin{vmatrix} 2 & 2 \\ -1 & 4 \end{vmatrix}$ 的绝对值。

Matlab 程序：

```
>> a=[1,3];
>> b=[2,-1];
>> c=[4,1];
>> B=[b-a;b-c];
>> Y2=abs(det(B))*0.5
Y2=
    5
```

三阶行列式的几何意义：平行六面体的体积。

以向量 $\boldsymbol{\alpha}=(a_1,b_1,c_1)$，$\boldsymbol{\beta}=(a_2,b_2,c_2)$，$\boldsymbol{\gamma}=(a_3,b_3,c_3)$ 所构成的平行六面体的体积(图 6.3)，即为三阶行列式 $\begin{vmatrix} a_1 & b_1 & c_1 \\ a_2 & b_2 & c_2 \\ a_3 & b_3 & c_3 \end{vmatrix}$ 的绝对值。

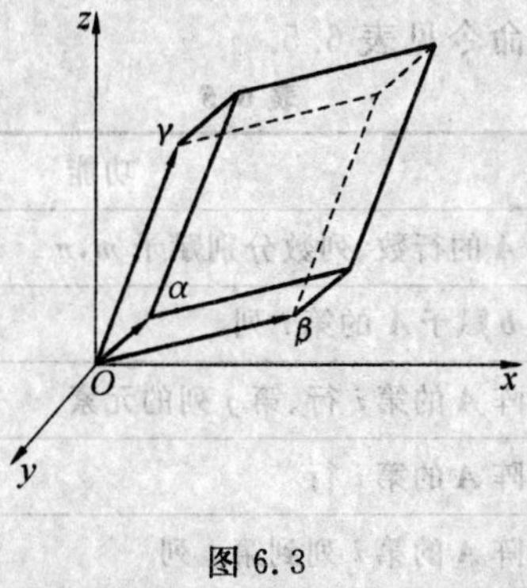

图 6.3

例 6.5　根据行列式的几何意义，计算以下图形的体积：

(1) 由向量(1,3,−1)，(3,−2,4)，(7,3,5) 所构成的平行六面体的体积，用 Y3 表示；

(2) 由向量(1,3,−1)，(3,−2,4)，(7,3,5) 所构成的四面体的体积，用 Y4 表示。

解　(1) 分析：由三阶行列式的几何意义直接可得出 Y3 为 $\begin{vmatrix} 1 & 3 & -1 \\ 3 & -2 & 4 \\ 7 & 3 & 5 \end{vmatrix}$ 的绝对值。

Matlab 程序：

```
>> A=[1,3,-1;3,-2,4;7,3,5];
>> Y3=abs(det(A))
Y3=
    6
```

(2) 分析:四面体的体积为由三个向量所构成的平行六面体体积的$\frac{1}{6}$,则四面体的体积 Y4 为$\frac{1}{6}\begin{vmatrix} 1 & 3 & -1 \\ 3 & -2 & 4 \\ 7 & 3 & 5 \end{vmatrix}$的绝对值.

Matlab 程序:

```
>> B=[1,3,-1;3,-2,4;7,3,5];
>> Y4=abs(det(B))*(1/6)
Y4=
    1
```

若以上两个小题的求解都在同一个 M 文件中进行,并且计算(1) 后没有运行 clear 函数,则(2) 的求解还可以通过以下程序得到:

```
>> Y4=Y3*(1/6)
Y4=
    1
```

6.4 线性方程组求解

本节有关的 Matlab 函数命令见表 6.5.

表 6.5

函数	功能
[m,n] = size(A)	将矩阵 **A** 的行数、列数分别赋予 m,n
A(:,i) = b	将向量 **b** 赋予 **A** 的第 i 列
A(i,j)	取出矩阵 **A** 的第 i 行、第 j 列的元素
A(i,:) = [ ]	删除矩阵 **A** 的第 i 行
A(:,i:j)	取出矩阵 **A** 的第 i 列到第 j 列
rank(A)	计算矩阵 **A** 的秩
rref(A)	化矩阵 **A** 为行最简形

例 6.6 已知线性方程组

$$\begin{cases} 3x_1-4x_2-x_3+x_4=8 \\ x_1+x_2+7x_3-5x_4=-1 \\ -2x_1+3x_2+5x_3-x_4=2 \\ 9x_1+x_2-3x_3+4x_4=14 \end{cases}$$

(1) 利用克拉默法则求解；

(2) 利用方程左右同乘逆矩阵的方法求解；

(3) 利用高斯消元法(矩阵初等变换) 求解.

解　(1) 分析：先判断系数矩阵 **A** 的行列式是否为零，若非零，则可以利用克拉默法则，通过求解一系列行列式最终得到方程组的解.

Matlab 程序：

判断系数矩阵 **A** 的行列式是否为零

```
>> a1 =[3;1;-2;9];
>> a2 =[-4;1;3;1];
>> a3 =[-1;7;5;-3];
>> a4 =[1;-5;-1;4];
>> D =[a1,a2,a3,a4];
>> det(D)
ans =
    829
```

不为零，则进一步利用克拉默法则

```
>> b =[8;-1;2;14];
>> D1 =[b,a2,a3,a4];
>> D2 =[a1,b,a3,a4];
>> D3 =[a1,a2,b,a4];
>> D4 =[a1,a2,a3,b];
>> X =[det(D1)/det(D);det(D2)/det(D);det(D3)/det(D);det(D4)/det(D)]
X =
     1
    -1
     2
     3
```

则 X 即为方程组的解. 即 $x_1=1, x_2=-1, x_3=2, x_4=3$.

(2) 分析：利用矩阵形式，方程组可以表示为 $\boldsymbol{Ax}=\boldsymbol{b}$ 的形式，已知 **A** 可逆，则有 $\boldsymbol{x}=\boldsymbol{A}^{-1}\boldsymbol{b}$.

Matlab 程序：

```
>> a1 =[3;1;-2;9];
>> a2 =[-4;1;3;1];
>> a3 =[-1;7;5;-3];
>> a4 =[1;-5;-1;4];
>> b =[8;-1;2;14];
>> A =[a1,a2,a3,a4];
>> X =inv(A) * b
```

```
X=

    1.0000
   -1.0000
    2.0000
    3.0000
```

则 X 即为方程组的解.

之所以会出现小数点是因为在求解 $\boldsymbol{A}^{-1}$ 时出现小数的原因.

(3) 分析：由系数行列式不为零知本题为只有唯一解的方程，利用高斯消元法也就是初等行变换的方法，将增广矩阵化为行最简型，则最后一列即为所求解.

Matlab 程序：

```
>> a1=[3;1;-2;9];
>> a2=[-4;1;3;1];
>> a3=[-1;7;5;-3];
>> a4=[1;-5;-1;4];
>> b=[8;-1;2;14];
>> B=rref([a1,a2,a3,a4,b])        % 将增广矩阵化为行最简形
B=

    1  0  0  0   1
    0  1  0  0  -1
    0  0  1  0   2
    0  0  0  1   3

>> X=B(:,5)
X=

    1
   -1
    2
    3
```

则 X 即为方程组的解.

注：同样可以利用左除符号来计算 $X=\boldsymbol{A}\backslash\boldsymbol{b}$ 即可以得结果.

例 6.7 试求以下线性方程组的解，用 X 表示.

$$\begin{cases}x_1+x_2-3x_3=-1\\2x_1+x_2-2x_3=1\\4x_1+3x_2-8x_3=-1\\3x_1+2x_2-5x_3=0\end{cases}$$

解 分析：首先判断系数矩阵的秩，通过行最简型可得到结果.

Matlab 程序：

```
>> A=[1,1,-3,-1;2,1,-2,1;4,3,-8,-1;3,2,-5,0];
>> rref(A)
```

```
ans =
      1   0    1
      0   1   -4
      0   0    0
      0   0    0
```

则方程组有无穷多解，由线性方程组解的结构可得 $\begin{bmatrix}x_1\\x_2\\x_3\end{bmatrix}=\begin{bmatrix}2\\-3\\0\end{bmatrix}+c\begin{bmatrix}-1\\4\\1\end{bmatrix}$，$c$ 为任一常数.

6.5　向量组的线性相关性

本节有关的 Matlab 函数命令见表 6.6.

表 6.6

函数	功能
[R,x] = rref(A)	R 为矩阵 $\boldsymbol{A}$ 的行最简形，$\boldsymbol{x}$ 为一个行向量，它的元素为 R 线性无关向量所在列号

例 6.8　判断下列向量组的线性相关性，并找出最大线性无关组.

(1) $\boldsymbol{\alpha}_1=\begin{bmatrix}3\\-4\\-1\\1\end{bmatrix}$，$\boldsymbol{\alpha}_2=\begin{bmatrix}1\\1\\7\\-5\end{bmatrix}$，$\boldsymbol{\alpha}_3=\begin{bmatrix}-2\\3\\5\\-1\end{bmatrix}$，$\boldsymbol{\alpha}_4=\begin{bmatrix}9\\1\\-3\\4\end{bmatrix}$；

(2) $\boldsymbol{\alpha}_1=\begin{bmatrix}2\\1\\-1\\3\end{bmatrix}$，$\boldsymbol{\alpha}_2=\begin{bmatrix}-4\\2\\1\\3\end{bmatrix}$，$\boldsymbol{\alpha}_3=\begin{bmatrix}-2\\3\\0\\6\end{bmatrix}$，$\boldsymbol{\alpha}_4=\begin{bmatrix}1\\7\\-4\\2\end{bmatrix}$，$\boldsymbol{\alpha}_5=\begin{bmatrix}3\\0\\2\\3\end{bmatrix}$，$\boldsymbol{\alpha}_6=\begin{bmatrix}1\\-1\\3\\0\end{bmatrix}$.

解　分析：向量组的线性相关性可由其组成的矩阵的秩来判断，最大线性无关组即为该矩阵所对应的行最简形中每行第一个非零元素所对应的向量组成.

Matlab 程序：

(1)

```
>> clear
>> a1 = [3; -4; -1;1];
>> a2 = [1;1;7; -5];
>> a3 = [-2;3;5; -1];
>> a4 = [9;1; -3;4];
>> A = [a1,a2,a3,a4];      % 表示出向量组组成的矩阵 A
>> [B,i] = rref(A)         %B 为 A 的行最简形，i 则为最大无关组向量的列坐标
```

```
B =

    1  0  0  0
    0  1  0  0
    0  0  1  0
    0  0  0  1

i =

    1  2  3  4
```

由结果可得，$\boldsymbol{\alpha}_1,\boldsymbol{\alpha}_2,\boldsymbol{\alpha}_3,\boldsymbol{\alpha}_4$ 即为最大无关组.

(2)

```
>> clear
>> a1 = [2;1;-1;3];
>> a2 = [-4;2;1;3];
>> a3 = [-2;3;0;6];
>> a4 = [1;7;-4;2];
>> a5 = [3;0;2;3];
>> a6 = [1;-1;3;0];
>> A = [a1,a2,a3,a4,a5,a6];
>> [B,i] = rref(A)
B =

    1  0  1  0  0  -1
    0  1  1  1  0   0
    0  0  0  1  0   0
    0  0  0  0  1   1

i =

    1  2  4  5
```

由结果可得，$\boldsymbol{\alpha}_1,\boldsymbol{\alpha}_2,\boldsymbol{\alpha}_3,\boldsymbol{\alpha}_4$ 即为最大无关组.

例 6.9 求以下向量组的一个最大线性无关组，并将其他向量用该最大线性无关组线性表示.

$$\boldsymbol{\alpha}_1=\begin{bmatrix}2\\1\\-1\end{bmatrix},\quad \boldsymbol{\alpha}_2=\begin{bmatrix}-1\\3\\5\end{bmatrix},\quad \boldsymbol{\alpha}_3=\begin{bmatrix}3\\8\\-2\end{bmatrix},\quad \boldsymbol{\alpha}_4=\begin{bmatrix}1\\2\\-3\end{bmatrix}$$

解

Matlab 程序：

```
>> clear
>> a1 = [2;1;-1];
>> a2 = [-1;3;5];
>> a3 = [3;8;-2];
>> a4 = [1;2;-3];
```

```
>> A=[a1,a2,a3,a4];
>> [B,i]=rref(A)
B=
    1.0000         0         0   -0.5000
         0    1.0000         0   -0.5000
         0         0    1.0000    0.5000
i=
    1    2    3
```

由结果知,最大无关组为 $\boldsymbol{\alpha}_1,\boldsymbol{\alpha}_2,\boldsymbol{\alpha}_3$,由 B 知 $\boldsymbol{\alpha}_4=-0.5\boldsymbol{\alpha}_1-0.5\boldsymbol{\alpha}_2+0.5\boldsymbol{\alpha}_3$.

6.6 特征值和特征向量

本节有关的 Matlab 函数命令见表 6.7.

表 6.7

函数	功能
poly(A)	矩阵 **A** 的特征多项式
eig(A)	以列向量的形式返回矩阵 **A** 的特征值
[u,v] = eig(A)	矩阵 **A** 的特征值以对角阵的形式赋给 v,将所对应的单位特征向量依顺序赋给 u
trace(A)	矩阵 **A** 的迹
orth(A)	可将矩阵 **A** 对角化的正交矩阵

例 6.10　求矩阵 $\boldsymbol{A}$ 的特征多项式、特征值、特征向量.

$$\boldsymbol{A}=\begin{bmatrix}2 & 2 & -2\\ 2 & 5 & -4\\ -2 & -4 & 5\end{bmatrix}$$

解

Matlab 程序:

```
>> clear
>> A=[2,2,-2;2,5,-4;-2,-4,5];
>> poly(A)
ans=
    1.0000   -12.0000   21.0000   -10.0000   %分别为特征多项式的系数
>> b=eig(A)
b=
    1.0000
    1.0000
    10.0000
```

```
>> [u,v]=eig(A)
u=
   -0.2981    0.8944    0.3333
   -0.5963   -0.4472    0.6667
   -0.7454         0   -0.6667
v=
    1.0000         0         0
         0    1.0000         0
         0         0   10.0000
```

由结果可知,A的特征多项式为$\lambda^3-12\lambda^2+21\lambda-10$;特征值为1,1,10;所对应的特征向量分别为$(-0.2981 \quad -0.5963 \quad -0.7454)^T$, $(0.8944 \quad -0.4472 \quad 0)^T$, $(0.3333 \quad 0.6667 \quad -0.6667)^T$.

例 6.11 化方阵 A 为对角阵,并求出正交对角化矩阵.

$$A=\begin{bmatrix}2 & 2 & -2\\ 2 & 5 & -4\\ -2 & -4 & 5\end{bmatrix}$$

解 分析:只需求出矩阵 A 的特征向量并标准正交化则可得到所需的正交化矩阵.

Matlab 程序:

```
>> clear
>> A=[2,2,-2;2,5,-4;-2,-4,5];
>> [P,V]=eig(A)
P=
   -0.2981    0.8944    0.3333
   -0.5963   -0.4472    0.6667
   -0.7454         0   -0.6667
V=
    1.0000         0         0
         0    1.0000         0
         0         0   10.0000
```

则由结果知,P 即为所求的正交矩阵,使得 $P^{-1}AP=P^TAP=V$.

例 6.12 求正交变换 $x=Px$ 化以下二次型为标准形

$$f=x_1^2-x_2^2-3x_3^2-x_4^2+2x_1x_2-4x_2x_3-2x_3x_4$$

解 分析:二次型化为标准形,即是将二次型矩阵化为对角阵的过程.二次型

$$f=x_1^2-x_2^2-3x_3^2-x_4^2+2x_1x_2-4x_2x_3-2x_3x_4=$$

$$(x_1,x_2,x_3,x_4)\begin{bmatrix}1 & 1 & 0 & 0\\ 1 & -1 & -2 & 0\\ 0 & -2 & -3 & -1\\ 0 & 0 & -1 & -1\end{bmatrix}\begin{bmatrix}x_1\\ x_2\\ x_3\\ x_4\end{bmatrix}$$

Matlab 程序：

```
>> clear
>> A=[1,1,0,0;1,-1,-2,0;0,-2,-3,-1;0,0,-1,-1];
>> [P,V]=eig(A)
P =

   -0.0910    0.2370   -0.5000    0.8280
    0.5000   -0.5000    0.5000    0.5000
    0.8280    0.0910   -0.5000   -0.2370
    0.2370    0.8280    0.5000    0.0910

V =

   -4.4940         0         0         0
         0   -1.1099         0         0
         0         0    0.0000         0
         0         0         0    1.6039
```

由结果知，P 即为所求的正交变换矩阵，可将二次型化为标准形

$$f=\boldsymbol{y}^{\mathrm{T}}\boldsymbol{V}\boldsymbol{y}=-4.494\,0y_1^2-1.109\,9y_2^2+1.603\,9y_4^2$$

习　题　六

1. 利用 help 命令查询行列式命令的应用.

2. 已知矩阵 $\boldsymbol{A}=\begin{bmatrix}2 & 4 & -1\\3 & 1 & 7\end{bmatrix}$，$\boldsymbol{B}=\begin{bmatrix}1 & -2 & -1\\0 & 3 & 4\end{bmatrix}$，$\boldsymbol{C}=\begin{bmatrix}1 & -1 & 0\\0 & -1 & -1\\1 & 0 & -1\end{bmatrix}$，试求：

(1) 输入 $\boldsymbol{A},\boldsymbol{B},\boldsymbol{C}$；

(2) 求 $\boldsymbol{A}$ 的转置，$\boldsymbol{A}+2\boldsymbol{B}$，$3\boldsymbol{A}-\boldsymbol{B}$，$\boldsymbol{AC}$，分别用 X1，X2，X3，X4 表示；

(3) 求 $\boldsymbol{C}$ 的行列式，$2\boldsymbol{C}$ 的行列式，$\boldsymbol{C}$ 的秩，分别用 X5，X6，X7 表示；

(4) 求 $\boldsymbol{C}$ 的逆矩阵，用 X8 表示.

3. 根据行列式的几何意义，计算以下图形的面积：

(1) 由向量(2，-2)，(1，4) 所构成的平行四边形的面积，用 Y1 表示；

(2) 顶点分别为(2，4)，(2，-2)，(1，0) 的三角形面积，用 Y2 表示.

4. 根据行列式的几何意义，计算以下图形的体积：

(1) 由向量(1，0，1)，(-2，1，3)，(4，-2，2) 所构成的平行六面体的体积，用 Y3 表示；

(2) 由向量(1，0，1)，(-2，1，3)，(4，-2，2) 所构成的四面体的体积，用 Y4 表示.

5. 已知线性方程组

$$\begin{cases}2x_1+3x_2-5x_3+x_4=-4\\x_1+x_2-2x_3+2x_4=5\\5x_1-3x_2-2x_3+4x_4=17\\3x_1+x_2+x_3+x_4=14\end{cases}$$

(1) 利用克拉默法则求解；

(2) 利用方程左右同乘逆矩阵的方法求解；

(3) 利用高斯消元法(矩阵初等变换) 求解.

6. 试求以下线性方程组的解，用 X 表示.

$$\begin{cases}2x_1+3x_2-5x_3+x_4=-4\\x_1+x_2-2x_3+2x_4=5\\5x_1-3x_2-2x_3+4x_4=17\end{cases}$$

7. 判断下列向量组的线性相关性，并找出最大线性无关组.

(1) $\boldsymbol{\alpha}_1=\begin{bmatrix}2\\-1\\3\\2\end{bmatrix},\boldsymbol{\alpha}_2=\begin{bmatrix}3\\1\\-3\\5\end{bmatrix},\boldsymbol{\alpha}_3=\begin{bmatrix}1\\5\\0\\-2\end{bmatrix}$；

(2) $\boldsymbol{\alpha}_1=\begin{bmatrix}2\\-1\\3\\2\end{bmatrix},\boldsymbol{\alpha}_2=\begin{bmatrix}3\\1\\-3\\5\end{bmatrix},\boldsymbol{\alpha}_3=\begin{bmatrix}1\\5\\0\\-2\end{bmatrix},\boldsymbol{\alpha}_4=\begin{bmatrix}7\\10\\0\\3\end{bmatrix}$.

8. 求以下向量组的一个最大无关组，并将其他向量用该最大无关组线性表示.

$$\boldsymbol{\alpha}_1=\begin{bmatrix}2\\0\\3\\1\end{bmatrix},\quad \boldsymbol{\alpha}_2=\begin{bmatrix}5\\1\\7\\-2\end{bmatrix},\quad \boldsymbol{\alpha}_3=\begin{bmatrix}-3\\-1\\4\\6\end{bmatrix},\quad \boldsymbol{\alpha}_4=\begin{bmatrix}1\\1\\10\\-3\end{bmatrix},\quad \boldsymbol{\alpha}_5=\begin{bmatrix}8\\2\\9\\-1\end{bmatrix}$$

9. 试求矩阵 $\boldsymbol{A}$ 的特征多项式、特征值、特征向量.

$$\boldsymbol{A}=\begin{bmatrix}1&2&3&4\\2&1&4&3\\3&4&1&2\\4&3&2&1\end{bmatrix}$$

10. 化方阵 $\boldsymbol{A}$ 为对角阵，并求出正交对角化矩阵.

$$\boldsymbol{A}=\begin{bmatrix}2&-1&3\\-1&1&4\\3&4&1\end{bmatrix}$$

11. 求正交变换 $\boldsymbol{x}=\boldsymbol{P}\boldsymbol{y}$，化以下二次型为标准形.

$$f=x_1^2+x_2^2+x_3^2+4x_1x_2+6x_1x_3+6x_2x_3$$

参 考 文 献

[1] 同济大学数学教研室. 工程数学线性代数[M]. 6 版. 北京:高等教育出版社,2015.

[2] 北京大学数学系. 高等代数[M]. 3 版. 北京:高等教育出版社,2003.

[3] 张海燕,房宏. 线性代数及其应用[M]. 北京:机械工业出版社,2013.

[4] 郑宝东. 线性代数与空间解析几何[M]. 4 版. 北京:高等教育出版社,2014.

[5] 范崇金,王锋. 线性代数[M]. 哈尔滨:哈尔滨工程大学出版社,2014.

[6] 原思聪. MATLAB 语言及应用[M]. 北京:国防工业出版社,2011.